Mark Ptashne

Genregulation

Der biologische Schalter bei Phage λ

Mit 98 Abbildungen und 8 Tabellen

Springer-Verlag Berlin Heidelberg New York
London Paris Tokyo

Professor Dr. Mark Ptashne
Department of Biochemistry and
Molecular Biology
Harvard University
Cambridge, MA, USA

Übersetzer:

Dr. rer. nat. Klaus Dartmann
Diplom-Chemiker
Antonienstraße 5
D-8000 München 40

Titel der englischen Originalausgabe:
A Genetic Switch. Gene Control and Phage λ

ISBN-13:978-3-540-50236-4 e-ISBN-13:978-3-642-74022-0
DOI: 10.1007/978-3-642-74022-0

CIP-Titelaufnahme der Deutschen Bibliothek
Ptashne, Mark: Genregulation: Der biologische Schalter bei Phage λ / Mark Ptashne. [Übers.: Klaus Dartmann]. – Berlin ; Heidelberg ; New York ; London ; Paris ; Tokyo : Springer, 1989 Einheitssacht.: A genetic switch <dt.>
ISBN-13:978-3-540-50236-4 (Berlin . . .)

WG: 32 DBN 89.000484.6 88.11.17 9870 rö

2123/3145-543210 – Gedruckt auf säurefreiem Papier

Meinen Eltern und
Matt Meselson gewidmet

Vorwort des Autors

Dieses Buch handelt von einem der einfachsten Organismen, die in der Natur vorkommen, einem Virus, das sich in Bakterien vermehrt. Das Buch faßt die Ergebnisse von ungefähr 25 Jahren Forschungsarbeit zusammen und versucht eine Antwort zu geben auf die Frage: Wie gelingt es diesem Virus, dem Bakteriophagen λ, seine eigene Vermehrung mit Hilfe seiner Gene, also seiner DNA, zu regulieren?

Man fragt sich, warum soviel Mühe darauf verwandt wurde, ein bestimmtes Virus zu untersuchen, ist doch in der Biologie eigentlich jedes Beispiel zumindest teilweise vom Zufall geprägt, also ein Spezialfall. Die typischen Funktionen eines jeden Organismus haben sich im Laufe der Evolution herausgebildet; selbst wenn wir in einem Fall einen bestimmten Prozeß genau beschreiben können, so müssen wir doch davon ausgehen, daß die Details für den nächsten Organismus schon nicht mehr gelten.

Die Antwort auf unsere Frage ergibt sich aus einem Phänomen, das in der Biologie von grundlegender Bedeutung ist, dem Prozeß der Entwicklung und Differenzierung: Alle Zellen in einem Individuum sind mit den gleichen Bauplänen ausgestattet, die sie in Form von DNA-Molekülen geerbt haben. Bei der Entwicklung eines höheren Organismus aus einer befruchteten Eizelle bildet sich jedoch eine beachtliche Vielzahl unterschiedlicher Zelltypen heraus. Diesem Prozeß liegt der selektive Gebrauch von Genen zugrunde, ein Prinzip, das wir Genregulation nennen. In den verschiedenen Entwicklungsstadien entscheiden die Zellen, teilweise durch Umweltsignale stimuliert, welchen Satz von Genen sie benutzen und welche Entwicklungsrichtung sie einschlagen wollen. Uns interessieren die molekularen Mechanismen, die hinter der Entscheidung stehen.

Als ein Musterbeispiel für dieses Phänomen kann der Lebenszyklus von λ angesehen werden. Der Phage entscheidet sich in Abhängigkeit von außerzellulären Signalen für eine von 2 möglichen Vermehrungsformen. Wir wissen ziemlich genau, welche molekularen Abläufe diesem Prozeß zugrunde liegen, und wir können auch annehmen, daß ähnliche Mechanismen die Basis zahlreicher Differenzierungsprozesse bilden. Die Erkenntnisse, die wir beim Studium des Phagen λ gewinnen, liefern uns also Anregungen für die Untersuchung anderer Systeme, auch wenn die Verhältnisse in keinem anderen Fall exakt dieselben sind wie bei λ.

Die Einführung zu diesem Buch faßt einige Grundzüge der Wirkungsweise von Genen zusammen. Sie ist darauf ausgerichtet, den Leser, der nur über ein geringes molekularbiologisches Wissen verfügt, in die Lage zu versetzen, die ersten 3 Kapitel zu verstehen.

In diesen Kapiteln betrachten wir den Entwicklungsprozeß des Phagen λ von 3 verschiedenen Standpunkten: Aus der Distanz wollen wir uns einen Überblick über die Ereignisse verschaffen, die für die Wechselwirkung zwischen Phage und Wirtsbakterium von Bedeutung sind; aus etwas näherer Sicht beschreiben wir dann mit einfachen molekularbiologischen Begriffen ein Ereignis, das im Entwicklungsprozeß von λ eine Schlüsselfunktion besitzt; schließlich schauen wir uns die genauen molekularen Mechanismen aus der Nähe an. Die Vorstellungen, die den verschiedenen Ansätzen zugrunde liegen, werden in den jeweiligen Kapiteln anhand einiger Modelle veranschaulicht, ohne daß wir uns mit einzelnen Experimenten beschäftigen wollen. An zahlreichen Stellen werden wir unser Wissen über λ mit Prozessen der Entwicklung und der Genregulation in anderen Organismen vergleichen.

Kapitel 4 geht im Gegensatz zu den ersten 3 Kapiteln auf die technischen Einzelheiten der Versuche ein und beschreibt im Detail den Ansatz einiger Schlüsselexperimente. Diese sowie die daraus resultierenden Schlußfolgerungen sind leichter zu verstehen, wenn man die Ergebnisse aus den ersten 3 Kapiteln schon kennt.

Am Ende wird dem Leser klar sein, daß wir heute viele Aspekte der λ-Genregulation im Zusammenhang verstehen. Wir sind damit in der Lage, die experimentellen Beobachtungen zu interpretieren und, was noch wichtiger ist, die Ergebnisse neuer Experimente vorherzusagen. Ein solches Maß an Genauigkeit ist u.a. deswegen möglich, weil unsere Modellvorstellungen nur in ganz wenigen Punkten von einzelnen isolierten experimentellen Beobachtungen abhängen; sie beruhen vielmehr auf zusammenhängenden Reihen von Versuchen, die sowohl im Reagenzglas als auch in lebenden Zellen durchgeführt wurden.

Insgesamt zeigt das Buch an diesem einen Beispiel, wie uns biochemische und genetische Experimente Einblick in einen bestimmten Teil der Welt verschaffen. Ich habe in diesem Buch nicht den historischen Ansatz gewählt; wollte man chronologisch beschreiben, wie wir zu unserem Wissen gekommen sind, so ergäbe das eine andere, wesentlich umfangreichere Darstellung.

Ein Reiz der Molekularbiologie liegt darin, daß ihre Antworten auf grundlegende Fragen sich meistens leicht veranschaulichen lassen. Gewöhnlich reichen einfache Bilder aus, und nur selten müssen wir komplizierte Modelle heranziehen. Unser Ziel ist es, Genregulation als Wechselspiel von Molekülen zu verstehen. Durch einen kurzen Blick auf die charakteristischen Größen und Formen dieser Moleküle können wir uns ihre Funktionsweise oft leichter veranschaulichen und leichter merken. Nehmen Sie die Modelle, die Sie in diesem Buch kennenlernen werden, bitte ernst, aber sehen Sie in ihnen nur das, was sie sein sollen: eine Zusammenfassung unserer augenblicklichen Vorstellungen. Ich erwarte mit Sicherheit, daß sie in den kommenden Jahren revidiert werden müssen, wenn sich unser Verständnis vertieft hat.

Für ihre freundliche Unterstützung beim Verfassen dieses Buches möchte ich mich bei den Studenten und Kollegen aus meinem Labor und von der Harvard University bedanken sowie bei Alison Cowie, Nick Cozzarelli, Norm Davidson, Hatch Echols, Gary Gussin, Gerhard Hochschild, Will McClure, Russ Maurer, Howard Nash, Jeff Roberts, Bob Schleif, Hamm Smith, John Staples, Jim Watson, Adam Wilkins, Keith Yamamoto, Michael Yarmolinsky, Patricia Zander und besonders bei Sandy Johnson. Die Idee, ein solches Buch zu schreiben, stammt in erster Linie von Bernard Hirt.

Drei Personen kam eine besonders wichtige Rolle bei der Herstellung dieses Buches zu: Ben Lewin übernahm die Korrekturarbeiten mit dem richtigen Gespür für stilistische und inhaltliche Feinheiten; Carol Morita illustrierte das Buch in kurzer Zeit mit sehr viel Kreativität, und Carol Nippert bewältigte bravourös die Unmenge an Schreib- und Organisationsarbeit.

Cambridge, Mass., Januar 1986 MARK PTASHNE

Vorwort des Übersetzers

Die molekularbiologische Terminologie ist im wesentlichen durch die englische Sprache geprägt. Im Sinne einer einheitlichen Ausdrucksweise und entsprechend den internationalen Nomenklaturregeln wurden Bezeichnungen wie *DNA*, *RNA* und *mRNA* sowie der Begriff *Phosphat* übernommen und den deutschen Ausdrükken *DNS*, *RNS*, *Boten-RNS* sowie *Phosphorsäure* bzw. *Phosphorsäureester* vorgezogen.

Der englische Originaltext zeichnet sich durch eine leichtverständliche Sprache und besonders anschauliche Darstellungsweise aus. Das vorliegende Buch versucht, diesem Stil so weit wie möglich gerecht zu werden. Mein ausdrücklicher Dank gilt an dieser Stelle Herrn Prof. G. Hobom, der durch inhaltliche und stilistische Korrekturarbeit wesentlich zur endgültigen Gestaltung des Textes beigetragen hat. Seine Unterstützung war mir eine große Hilfe.

München, Juni 1988 KLAUS DARTMANN

Inhaltsverzeichnis

Einführung

Vor etwa 40 Jahren berichteten André Lwoff und seine Kollegen vom Institut Pasteur in Paris, daß sie bei einem Stamm des gewöhnlichen Darmbakteriums *Escherichia coli* eine faszinierende Eigenschaft entdeckt hatten: Bestrahlt man die Bakterien mit einer gemäßigten Dosis an ultraviolettem Licht, so hören sie auf zu wachsen. Ungefähr 90 min später lysieren, d.h. platzen sie und setzen große Virusmengen ins Kulturmedium frei. Solche Bakterienviren werden als *Bakteriophagen* – Bakterienfresser – oder einfach als *Phagen* bezeichnet; der von André Lwoff entdeckte Bakteriophage bekam den Namen λ. Die freigesetzten λ-Phagen vermehren sich, wenn sie frische Bakterien infizieren können. Viele dieser infizierten Bakterien lysieren bald und produzieren weitere Phagen. Einige Bakterien jedoch überleben; sie beherbergen λ als friedlich schlummernden Gast. Sie wachsen und teilen sich normal, bis die Kultur ein 2. Mal bestrahlt wird. Wie zu Anfang des Versuches lysieren dann die Bakterien dieser Generation vollständig und setzen einen weiteren Schwung neuer λ-Phagen frei. – Abb. I zeigt den Phagen und seinen Wirt.

Lwoff und seine Kollegen François Jacob und Jacques Monod sahen in dem Umschalten von einem Zustand des Phagen zum anderen, von der ruhenden Form im sich teilenden Bakterium zur aktivierten Form im bestrahlten Bakterium, ein einfaches Beispiel für einen grundlegenden biologischen Prozeß: das An- und Abschalten von Genen.

Gene bestimmen die Strukturen der Moleküle, aus denen sich lebende Zellen zusammensetzen. Eine Bakterienzelle benutzt ebenso wie eine menschliche Zelle zu gegebener Zeit immer nur Teile ihres Genoms, um die Produktion der jeweiligen zelltypspezifischen Moleküle zu steuern. Wir bezeichnen die exprimierten Gene als angeschaltet, die nichtexprimierten Gene als abgeschaltet, und zusammenfassend sagen wir: Die Expression dieser Gene ist reguliert.

Betrachten wir z.B. die Entwicklung des Menschen aus einer befruchteten Eizelle. Wenn sich diese Zelle und ihre Nachkommen teilen – ein Prozeß, der millionenfach wiederholt wird –, dann erhält jede neue Zelle den gleichen Satz an Genen. Trotzdem weisen verschiedenartige Zellen, z.B. Haarzellen und Hautzellen, unterschiedliches Aussehen und unterschiedliches Verhalten auf; in den Zellen sind verschiedene Gene angeschaltet. Die wesentliche Erkenntnis besteht nun darin, daß die Gene zwar mit ein paar Ausnahmen unverändert von den Elternzel-

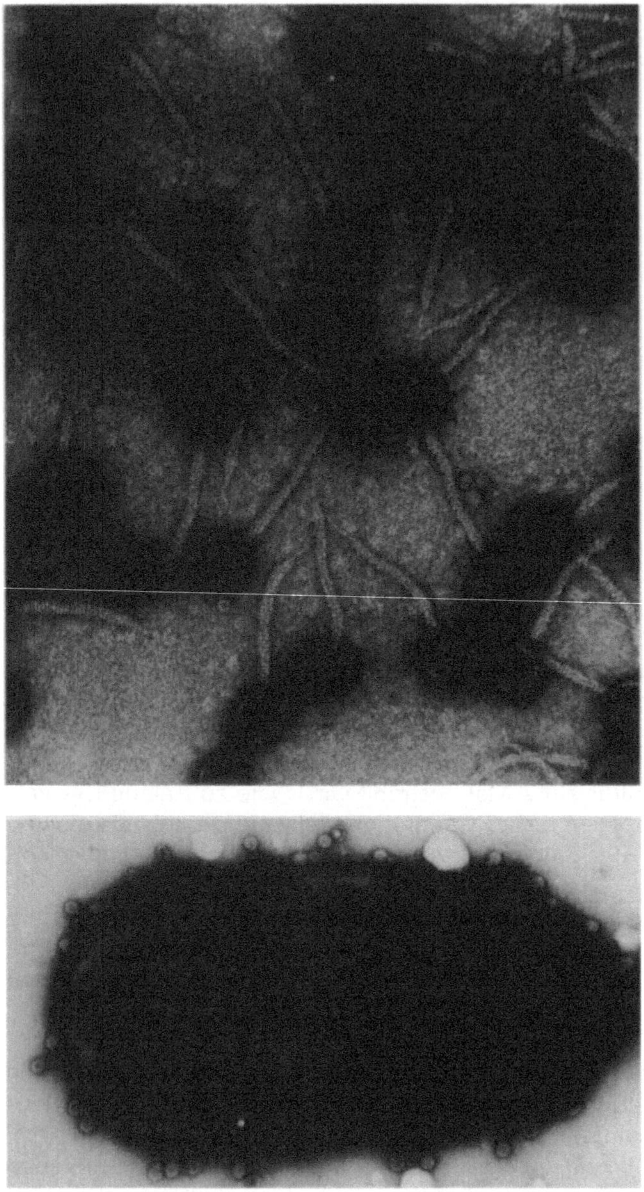

Abb. I. Elektronenmikroskopische Aufnahme vom λ-Phagen (oben, 100000fache Vergrößerung) und von einem frisch infizierten Kolibakterium (unten, 8000fache Vergrößerung). Der Durchmesser des λ-Kopfes beträgt ungefähr 60 nm. Die Photos wurden uns freundlicherweise von Roger Hendrix zur Verfügung gestellt

len an ihre Nachkommen weitergegeben werden, daß sie aber in verschiedenen Zellen unterschiedlich exprimiert werden können.

Eine regulierte Genexpression finden wir nicht nur während der Entwicklung eines Organismus, sondern auch im Laufe des Lebens einer differenzierten Zelle. Eine Hautzelle z.B. wechselt ihre Farbe, wenn sie der Sonne ausgesetzt wird. Dabei verändert das Licht nicht etwa die Struktur des Pigmentierungsgens; das außerzelluläre Signal schaltet vielmehr die Expression des Gens an. Ein anderes Beispiel für die Demonstration der Genregulation sind Krebszellen: Sie vermehren sich unter

Bedingungen, unter denen es gesunde Zellen nicht tun; die Ursache liegt z.T. darin, daß bestimmte Gene zum falschen Zeitpunkt an- oder abgeschaltet werden.

Schon seit langer Zeit wollen wir Biologen wissen, wie es kommt, daß Gene richtig (während der normalen Entwicklung) oder falsch (im kranken Zustand) an- und abgeschaltet werden können. Wir interessieren uns für die molekularen Mechanismen der Genregulation und ihr Zusammenspiel in Form ineinandergreifender Regelkreise, die das geordnete Ein- und Ausschalten ganzer Gruppen von Genen sicherstellen. Wir möchten gerne verstehen, welche Schritte von internen zellulären Programmen und welche von außerzellulären Signalen gesteuert werden.

Kommen wir auf unser Beispiel vom Anfang zurück, den Phagen λ: Wir wissen jetzt den Scharfsinn jener frühen Forscher zu würdigen, die durchschaut haben, daß es sich bei der Vermehrung von λ mit ihren beiden unterschiedlichen Formen um ein aufschlußreiches Beispiel für die Regulation der Genexpression handelt. Bakterien und ihre Phagen vermehren sich schnell; daher lassen sich zur Untersuchung der Genregulation Genetik und Biochemie viel effizienter kombinieren, als es bei Zellen höherer Organismen der Fall ist.

Wir wollen uns nun einer kurzen Beschreibung von Genen und ihrer Wirkungsweise zuwenden. Beginnen wir mit der Struktur eines Gens. Es handelt sich um ein Stück DNA, ein an sich lebloses Molekül. Aber DNA trägt Information, gespeichert in der Reihenfolge der Basen, die an die beiden umeinandergewundenen DNA-Stränge gekoppelt sind. Es sind die 4 Basen Adenin (*A*), Thymin (*T*), Guanin (*G*) und Cytosin (*C*), und sie sind so angeordnet, daß *A* auf dem einem Strang immer mit *T* auf dem anderen Strang gepaart ist, ebenso *G* immer mit *C*.

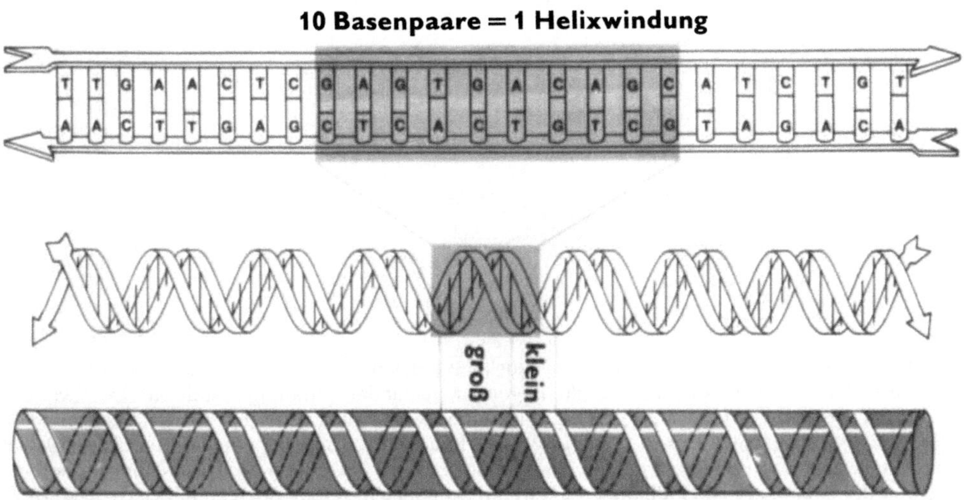

Abb. II. Verschiedene Darstellungsformen der DNA. Das obere Modell stellt die komplementäre Basenpaarung in den Vordergrund, das mittlere die Struktur der Doppelhelix mit *großer* und *kleiner Furche*. Die Polarität der Stränge ist dabei durch einen *Pfeil* gekennzeichnet. Auch im Stabmodell (unten) sind die beiden *Furchen* eingezeichnet. Die genaue Zahl der Basenpaare pro Helixwindung ist 10,5 und nicht 10, wie hier zur Vereinfachung angenommen wurde

Abb. II zeigt 3 Darstellungsformen eines DNA-Abschnittes. In der obersten Darstellung ist die Sequenz von 24 Basenpaaren doppelzeilig aufgeführt, wobei die Basen der oberen Zeile den einen Strang der DNA darstellen, die der unteren Zeile den anderen Strang; entsprechend wollen wir vom *oberen* und *unteren* Strang sprechen. Die beiden Basensequenzen bezeichnen wir als komplementär: Durch die Sequenz eines Stranges ist nach den Regeln der Basenpaarung die des anderen festgelegt.

In der 2. Darstellung der Abbildung ist ein etwa 80 Basenpaare langes DNA-Stück in der typischen Form der Doppelhelix abgebildet. Wie wir sehen, entspricht dieser Bereich ungefähr 8 Helixwindungen, denn etwa 10 Basenpaare machen eine Umdrehung aus. Zwei ausgedehnte Furchen von unterschiedlicher Breite, die *große* und die *kleine Furche*, ziehen sich die Helixoberfläche entlang. Diese Dar-

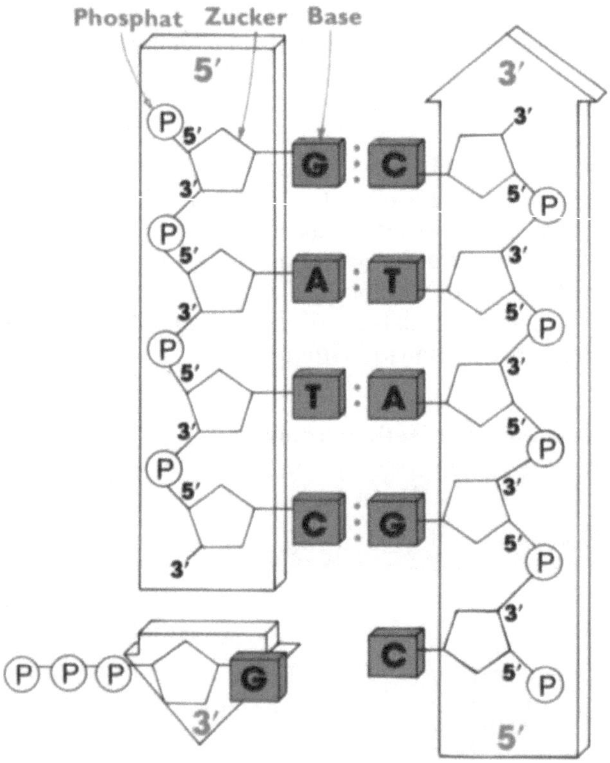

Abb. III. DNA in genauerer Darstellung. Das Rückgrat jedes der beiden DNA-Stränge setzt sich aus 2 Arten von Bausteinen zusammen, die alternierend miteinander verbunden sind: aus Desoxyribose (einem Zucker) und aus Phosphorsäure (im folgenden als Phosphat bezeichnet). Jeder Zuckerring ist über seine 3'- und seine 5'-OH-Gruppe mit 2 benachbarten Phosphatgruppen verestert. Die Polarität der DNA-Stränge wird über diese beiden Esterbindungen des Zuckers definiert; sie entspricht der Richtung von der 5'-Bindung zur 3'-Bindung. Außerdem ist jeder Zuckerring noch an eine Base gekoppelt. Diese paart sich mit ihrem komplementären Partner im gegenüberliegenden Strang durch Bildung von Wasserstoffbrücken: 3 zwischen *G:C*-Basenpaaren, 2 zwischen *A:T*-Paaren. – In der Abbildung ist angedeutet, wie ein neuer Baustein (bestehend aus der Base Guanin, einem Zuckerring und einer Triphosphatgruppe) an einen der beiden Stränge angekoppelt wird; bei diesem Prozeß werden die beiden äußeren Phosphatgruppen abgespalten

stellungsform macht deutlich, daß das Rückgrat eines jeden Stranges auf der Außenseite der Helix liegt, während die Basen nach innen zeigen.

In unserer 3. Darstellung schließlich sieht das DNA-Molekül wie ein Stab aus, der von einer Doppelspirale umwunden wird. Hier sind die verschiedenen strukturellen Merkmale der Helix zwar vereinfacht dargestellt, stehen aber im richtigen Verhältnis zueinander; das Modell wird in Kap. 1 benutzt.

Die Pfeilspitzen und -enden, mit denen in der Abbildung die beiden Stränge versehen sind, spiegeln eine andere Eigenschaft der DNA-Doppelhelix wider: Jeder Strang besitzt eine Orientierung (*Polarität*), und die beiden Stränge verlaufen in antiparalleler, d. h. entgegengesetzter Richtung. Wie Abb. III zeigt, ist diese Polarität der Stränge eine Konsequenz aus der Tatsache, daß die Bindungen zwischen den Molekülgruppen, die das Rückgrat aufbauen, asymmetrisch sind. Aus Gründen, die in der Abbildung erklärt sind, bezeichnen wir Pfeilspitze und -ende als das *3'*- bzw. *5'-Ende* der Kette.

Das Prinzip der Sequenzkomplementarität erklärt die Tatsache, daß Gene originalgetreu kopiert und – wie wir gleich sehen werden – exprimiert werden können. Bei der *Replikation* der DNA werden die beiden Stränge entwunden und nach den Regeln der Basenpaarung kopiert (Abb. IV). Jeder elterliche Strang dient dabei als Matrize für die Bildung seines Gegenstücks. Die so entstandenen Kopien der elterlichen Gene werden dann durch die Zellteilung auf die beiden Tochterzellen verteilt.

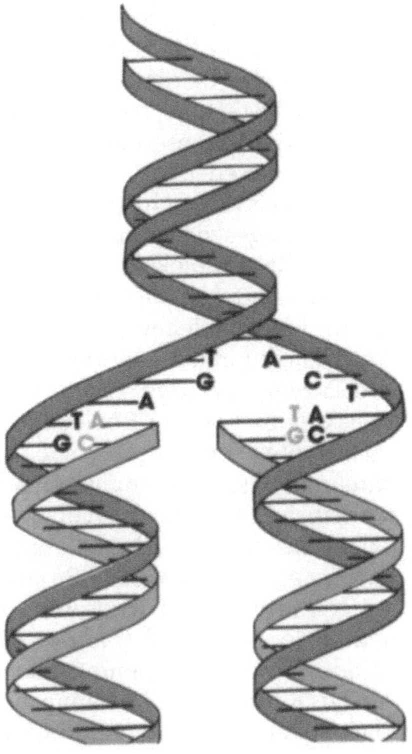

Abb. IV. Replikation der DNA. Im Bereich oberhalb der Gabelung haben sich die beiden DNA-Stränge noch nicht voneinander gelöst. Unterhalb der Gabelung sind die Stränge getrennt und dienen jetzt als Matrizen für die Herstellung der komplementären Tochterstränge. Wenn die Stränge kopiert werden, paart wieder *A* mit *T* und *G* mit *C*

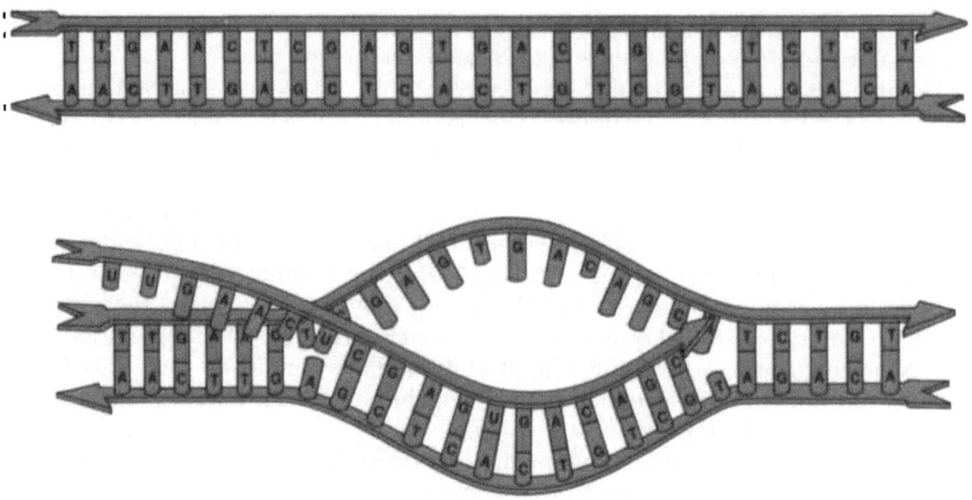

Abb. V. Komplementarität zwischen mRNA und DNA. Die Base Uracil *(U)* in der RNA entspricht der Base Thymin *(T)* in der DNA. Die Sequenz der mRNA ist also komplementär zur Sequenz des unteren DNA-Stranges. Wie hier soll auch in den beiden folgenden Abbildungen die mRNA nach rechts hin verlängert werden

Ein typisches Gen besteht aus einem Abschnitt von ungefähr 1000 Basenpaaren (entsprechend 100 Helixwindungen) innerhalb eines wesentlich größeren DNA-Moleküls. Der erste Schritt bei der *Genexpression* ist immer derselbe: Die Sequenz auf einem der beiden Stränge wird in ein lineares RNA-Molekül überschrieben oder, wie man sagt, *transkribiert*. Die Basensequenz des RNA-Moleküls ist identisch mit der Basensequenz eines der beiden DNA-Stränge und komplementär zu der des anderen, des Matrizenstranges (Abb. V). Für unsere Zwecke genügt es, ein Gen dann als angeschaltet zu definieren, wenn es in RNA transkribiert wird, und es sonst als abgeschaltet anzusehen.

Einige RNA-Moleküle sind Endprodukte, die in der Zelle direkt eine Funktion ausüben. Andere RNA-Moleküle, genannt *Boten-* oder *messenger*-RNA (*mRNA*), liefern die Bauanleitung für die *Proteine* (Eiweißmoleküle). Es gibt viele Arten von Proteinen; zu ihnen gehören u.a. die verschiedenen Strukturbausteine, Antikörper und Enzyme. Letztere leisten die eigentliche Arbeit der Zelle einschließlich der Transkription und der Replikation von DNA.

Ein Protein besteht aus einer Kette von Aminosäurebausteinen, deren Abfolge durch die Basensequenz im Gen bestimmt wird. Die mRNA wird vom 5′-Ende aus schrittweise in Einheiten von jeweils 3 Basen in Protein übersetzt (*translatiert*); jedem Basentriplett (*Kodon*) entspricht dabei eine von 20 möglichen Aminosäuren, die an die wachsende Proteinkette angehängt wird. Die erste Aminosäure der fertigen Proteinkette wird als *Aminoterminus* (*N-Terminus*) des Proteins bezeichnet, die letzte als sein *Carboxyterminus* (*C-Terminus*).

Jede Proteinkette nimmt eine charakteristische Konformation an, die von der Aminosäuresequenz bestimmt wird; meistens ergibt sich dabei eine unregelmäßige Kugelform, deren Oberfläche sich durch Vertiefungen und hervortretende

Bereiche auszeichnet. In dieser Einführung und in Kap. 1 werden wir uns mit einigen Proteinen beschäftigen; ihre strukturellen Merkmale wollen wir jedoch nur grob skizzieren. In Kap. 2 werden wir dann sehen, wie bei einer Gruppe von Proteinen, die für die Genregulation von Bedeutung sind, die Funktion durch charakteristische Oberflächeneigenschaften bestimmt wird.

Gene werden von einem Enzym namens *RNA-Polymerase* in mRNA überschrieben. Der Prozeß beginnt damit, daß das Enzym nahe dem 5'-Ende eines Gens an eine Stelle bindet, die als *Promotor* bezeichnet wird; diese Region erstreckt sich über etwa 60 Basenpaare. Abb. VI zeigt die RNA-Polymerase bei der Bindung an den Promotor eines typischen bakteriellen Gens. Über die Form dieses Enzyms wissen wir nicht viel, aber wir kennen seine ungefähre Größe.

Im Anschluß an diesen ersten Schritt, die DNA-Bindung, wandert die Polymerase vom Promotor aus das Gen entlang und synthetisiert auf diesem Weg die mRNA (Abb. VII). Bemerkenswert ist, daß die Polymerase auf ihrer Wanderung in kontinuierlicher Weise vor sich kurze aufeinanderfolgende DNA-Abschnitte entwindet und hinter sich wieder einwindet. Durch dieses vorübergehende Entwinden werden die Basenpaare voneinander getrennt, so daß einer der beiden DNA-Stränge als Matrize für die Synthese der komplementären mRNA dienen kann.

Jeder Promotor sorgt dafür, daß die RNA-Polymerase sich auf der DNA in eine der beiden möglichen Richtungen in Bewegung setzt und folglich auch nur einen der beiden Stränge in mRNA überschreibt. Die Polarität der mRNA-Kette ist dann entgegengesetzt zu derjenigen des DNA-Matrizenstrangs. Zwei Polymerasemoleküle, die sich in entgegengesetzter Richtung bewegen, kopieren verschiedene DNA-Stränge; in Abb. VIII beispielsweise kopiert die Polymerase, die sich nach links bewegt, den oberen Strang (nach der Definition in Abb. II). Wenn wir den Phagen λ genauer betrachten, werden wir sehen, daß sein einziges, langes DNA-Molekül aus vielen Genen besteht, von denen einige nach rechts, einige nach links transkribiert werden.

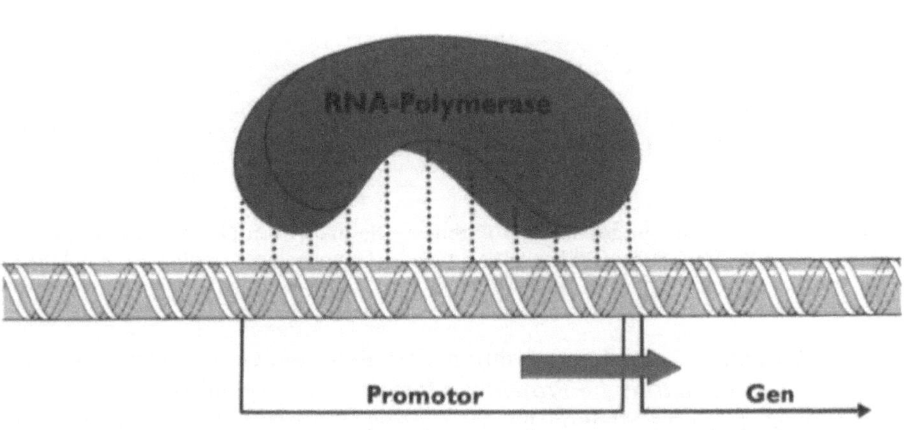

Abb. VI. Promotor und RNA-Polymerase. Wenn die RNA-Polymerase im Bereich des Promotors an den Anfang des Gens bindet, bedeckt sie 6 Helixwindungen, also etwa 60 bp. Die vereinfachte Darstellung der Polymerase läßt außer acht, daß das große Enzym aus mehreren Ketten unterschiedlicher Aminosäuresequenz besteht. Der *Pfeil* zeigt die Richtung der Transkription an. Das Basenpaar, das dem Startpunkt der Transkription entspricht, befindet sich genau über dem linken Ende des *Pfeils*

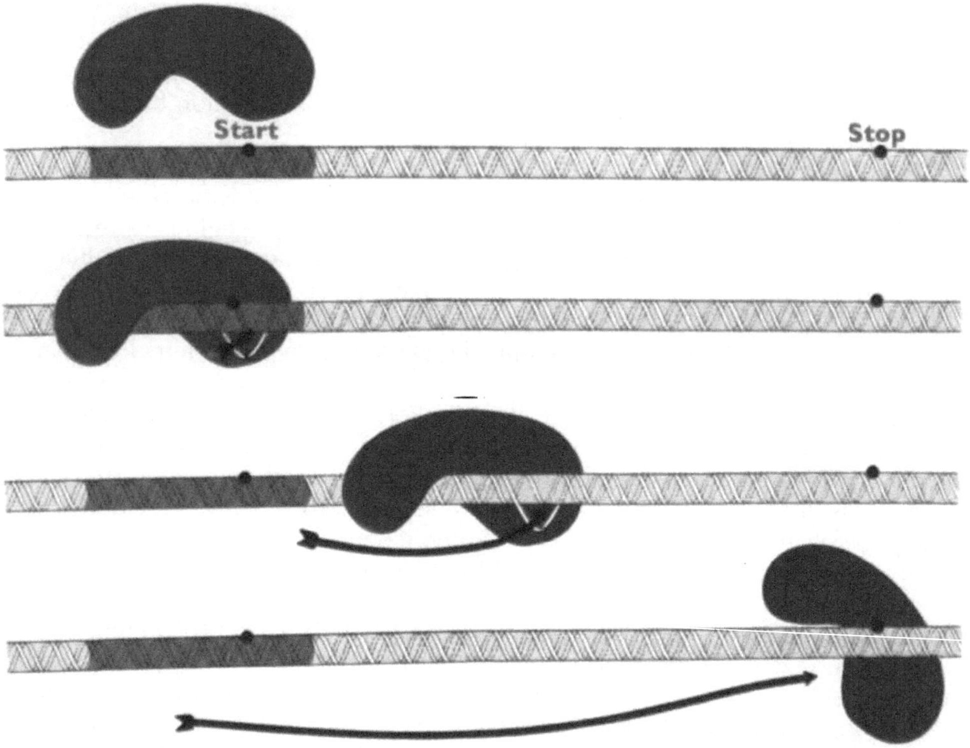

Abb. VII. Transkription eines Gens. Die Polymerase wandert die DNA entlang. Der Bereich, in dem die beiden DNA-Stränge voneinander getrennt sind, erstreckt sich ungefähr über die Länge einer Helixwindung; er hat stets Kontakt zu derselben Domäne des Enzyms. Die Base, die gerade kopiert werden soll, liegt immer in der entwundenen Region, etwa 20 bp vom vorderen Ende der Polymerase entfernt. Erreicht die Polymerase das Stopsignal, fällt sie von der DNA ab und gibt die mRNA frei

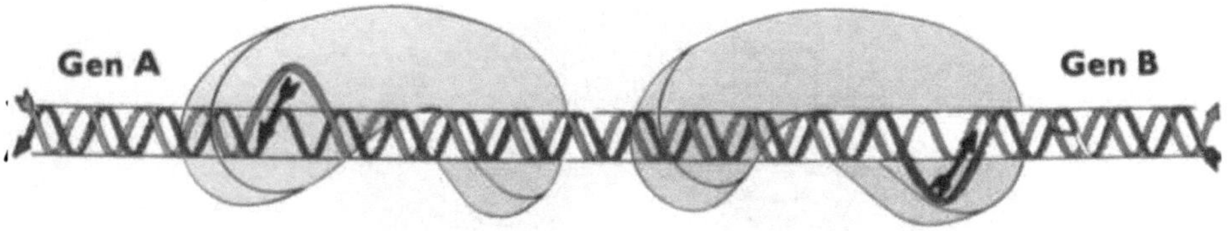

Abb. VIII. Transkription in gegenläufiger Richtung. Die mRNA von *Gen B* ist komplementär zu dem einen der beiden DNA-Stränge, die mRNA von *Gen A* komplementär zu dem anderen DNA-Strang

Die RNA-Polymerase kann in ihrem Vorhaben, ein Gen zu transkribieren, durch sogenannte *regulatorische Proteine* unterstützt oder behindert werden. Sie heften sich an die DNA an Stellen, die wir *Operatoren* nennen. Ein negativer Regulator verhindert die Transkription eines Gens, ein positiver Regulator steigert oder stimuliert sie. In Kap. 1 werden wir die Arbeitsweise eines regulatorischen Proteins (des λ-Repressors) erklären, das sowohl ein positiver als auch ein negativer Regulator der Transkription ist.

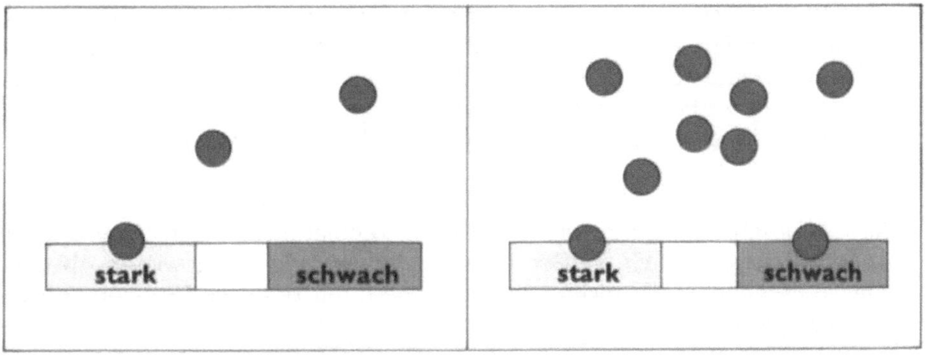

Abb. IX. Bindung eines Regulatorproteins an eine starke und an eine schwache Operator-Bindungsstelle. Das Protein lagert sich bei niedriger Konzentration nur an die starke Bindungsstelle an, bei hoher Konzentration jedoch an beide Bindungsstellen. Mit anderen Worten: Bei steigender Konzentration des Proteins wird zuerst die starke, dann an die schwache Bindungsstelle besetzt

Wir werden oft davon sprechen, daß ein Regulatorprotein an eine oder mehrere spezifische Erkennungsstellen auf der DNA bindet. Damit ist gemeint, daß das Protein normalerweise zwar dort anzutreffen ist, daß es sich aber ziemlich schnell und häufig von dieser Stelle lösen kann. Ob dann sofort wieder ein anderes gleichartiges Proteinmolekül bindet, hängt von seiner Konzentration und seiner Affinität zur Bindungsstelle ab.

Ein DNA-Molekül kann mehr als 1 Stelle besitzen, an die ein bestimmtes Protein bindet. Solche Bereiche können sich in der Stärke unterscheiden, mit der das Protein bindet. Ist eine Bindungsstelle schwächer als die andere, so bedeutet das, daß sich bei niedriger Proteinkonzentration das Protein an die stärkere Bindungsstelle häufiger anheften wird. Man sagt auch: Das Protein besitzt zu der stärkeren Bindungsstelle eine höhere Affinität als zu der schwächeren. Bei hohen Proteinkonzentrationen macht sich der Unterschied in der Affinität jedoch nicht bemerkbar, und im Normalfall werden beide Stellen besetzt sein (Abb. IX). Dynamische Gleichgewichte dieser Art können sich einstellen, weil die Wechselwirkungskräfte zwischen Protein und DNA wesentlich schwächer sind als die Bindungskräfte zwischen den Gliedern der Proteinkette oder denen der DNA.

Die 4 Kapitel in diesem Buch sind folgendermaßen angelegt:

- Kap. 1 beschreibt, wie 2 regulatorische Proteine, der λ-Repressor und das Cro-Protein, an die DNA binden, dabei mit der RNA-Polymerase in Wechselwirkung treten und so festlegen, von welchen Promotoren aus die Transkription gestartet werden soll. Diese Komponenten bilden zusammen eine Art *genetischen Schalter*. Sie sind für die erstaunlich wirkungsvolle Veränderung in der Genexpression verantwortlich, die dann ausgelöst wird, wenn man mit ultraviolettem Licht ein Bakterium bestrahlt, das den λ-Phagen in der ruhenden Form beherbergt.

  Um uns schon an dieser Stelle mit der Logik des Schaltermechanismus vertraut zu machen, wollen wir uns eine ungefähre Vorstellung von den molekularen Strukturen verschaffen. Die DNA läßt sich als ein fester Stab ansehen; die

RNA-Polymerase und die regulatorischen Proteine, vorstellbar als Kugeln oder Hanteln, binden an bestimmte Stellen dieses Stabes, an die Promotor- und Operatorsequenzen, und schalten so Gene an und aus. Wir werden viele einfache Modelle zu Hilfe nehmen, um jede Komponente und jede Wechselwirkung im einzelnen so beschreiben zu können, daß die Mechanismen verständlich werden.

- Kap. 2 beschreibt dann die Strukturen regulatorischer Proteine wesentlich genauer als Kap. 1. Wir werden einen einfachen und mit gewissen Abweichungen generellen Mechanismus kennenlernen, mit dem die Proteine spezifische Basensequenzen unter Millionen von Basenpaaren erkennen. Die Form eines regulatorischen Proteins ist nämlich komplementär zu einem Teil der DNA-Sequenz; wenn die Strukturen stimmen, passen die beiden Moleküle zusammen wie Schlüssel und Schloß. Auf der Basis dieser detaillierteren Informationen können wir dann eine Modellvorstellung davon entwickeln, wie ein Regulatorprotein ein Gen an- oder abschaltet.

- Kap. 3 geht der Frage nach, welche Genaktivitäten bei λ ablaufen, wenn der Phage die Zelle lysiert bzw. wenn er in der Zelle den ruhenden Zustand annimmt. Die allerersten Schritte der Genregulation nach der Infektion sind für beide Wege identisch. Am kritischen Punkt „erfühlt" dann ein regulatorisches Phagenprotein den Zustand des Wirtes und entscheidet, welche Richtung mit den folgenden Schritten eingeschlagen werden soll. Dieser Entscheidungsvorgang ist ein aufschlußreiches Beispiel dafür, wie die Umgebung die Genregulation während eines Entwicklungsschrittes beeinflussen kann. Einmal gestartet, laufen die Regulationsstufen bei beiden Programmen in der Form einer Kaskade ab: Gruppen von Genen werden in einer genau festgelegten Abfolge nacheinander an- und abgeschaltet.

- In Kap. 4 werden wir einige Experimente kennenlernen, die die Grundlage für zahlreiche Abbildungen in Kap. 1 und 2 bilden. Ich habe manche Gedankengänge vereinfacht und auch nicht versucht, vollständig zu sein. Trotzdem wird für einen Leser, der nicht mit den Techniken der experimentellen Molekularbiologie vertraut ist, dieses Kapitel schwieriger zu verstehen sein als die vorhergehenden. Das Kapitel muß man keineswegs von Anfang bis Ende lesen; vielmehr sollte der Leser einen Blick hineinwerfen, wenn er spezielle Fragen hat. – Am Ende des Kapitels werden dann noch einige der ungelösten Probleme angesprochen.

Es ist das wesentliche Anliegen dieses Buches, verständlich zu machen, welche Mechanismen der Regulation einzelner λ-Gene zugrunde liegen, wie diese Mechanismen ineinandergreifen und wie sie regulatorische Netzwerke bilden. Schauen wir nämlich etwas weiter, dann können wir davon ausgehen, daß für die Beantwortung der Grundfrage der Embryologie – wie entwickelt sich ein komplexer Organismus aus einer befruchteten Eizelle? – die Existenz ausgefeilter Netzwerke mit unterschiedlich regulierten Genen von zentraler Bedeutung ist. An zahlreichen Stellen, insbesondere am Ende von Kap. 3 und im Anhang, habe ich deshalb einige Parallelen gezogen zwischen der Genregulation bei λ und Entwicklungsprozessen bei höheren Organismen.

Eine Bemerkung zur Nomenklatur: Für Genprodukte werden große Anfangsbuchstaben benutzt, beispielsweise Cro, RecA, LexA, N, Q. Die zugehörigen Gene sind kursiv hervorgehoben und z.T. mit kleinen Anfangsbuchstaben gekennzeichnet, also *cro, recA, lexA, N, Q*. Manchmal besitzt ein Protein aus historischen Gründen einen besonderen Namen, wie etwa der Repressor, der vom Gen *cI* kodiert wird.

1 Die wichtigsten Elemente des Schalters und ihre Funktion

Die Gene des Phagen λ befinden sich auf einem einzigen DNA-Molekül, dem *Phagenchromosom*, verpackt in eine *Proteinhülle* (Abb. 1.1). Die Hülle besitzt eine komplizierte Struktur: Sie setzt sich aus einem Kopf und einem Schwanz zusammen und wird von ungefähr 15 verschiedenen Proteinen aufgebaut, die alle vom λ-Chromosom kodiert werden. Das Phagenpartikel ist infektiös. Es heftet sich mit dem Schwanz an die Zelloberfläche von *E. coli*, bohrt ein Loch in die Zellwand und injiziert sein Chromosom ins Bakterium, wobei die Phagenhülle zurückbleibt. λ ist ein *obligater Parasit*, d. h., der Phage muß seine DNA ins Bakterium einschleusen, um sich vermehren zu können.

Für das Schicksal eines λ-infizierten Bakteriums gibt es 2 Möglichkeiten (Abb. 1.2):

- In einigen Zellen schlägt das Phagenchromosom den *lytischen* Weg ein. Verschiedene Gruppen von Phagengenen werden nach einem genau geregelten Programm ein- und ausgeschaltet; das λ-Chromosom wird ausgiebig repliziert, neue Kopf- und Schwanzproteine werden synthetisiert und die Phagenpartikel im Bakterium zusammengebaut. Etwa 45 min nach der Infektion platzt das Bakterium auf und setzt an die 100 Phagennachkommen frei.
- In anderen Zellen *lysogenisiert* das injizierte Phagenchromosom seinen Wirt. Dabei werden bis auf eine Ausnahme alle Phagengene abgeschaltet, und das Phagenchromosom, jetzt *Prophage* genannt, wird Teil des Wirtschromosoms. Wenn das lysogene – den Prophagen beherbergende – Bakterium wächst und sich teilt, wird der Prophage dadurch (passiv) repliziert und stumm an die Bakteriennachkommen weitergegeben; während der ganzen Zeit bleibt er Teil des Wirtschromosoms. Dieser Vorgang kann sich unbegrenzt oft wiederholen.

  Werden sie nicht gestört, dann produzieren wachsende und sich teilende lysogene Bakterien nur sehr selten Phagenpartikel. Bestrahlt man sie jedoch mit ultraviolettem Licht, lysiert praktisch jedes lysogene Bakterium und produziert neue λ-Nachkommen. Das ultraviolette Licht schaltet Phagengene an, die bis dahin inaktiv waren – oder anders ausgedrückt: es *induziert* sie. Der lytische Weg beginnt.

  So wie ultraviolettes Licht können auch eine Reihe chemischer Stoffe in lysogenen Bakterien das Programm der lytischen Phagenvermehrung anschalten.

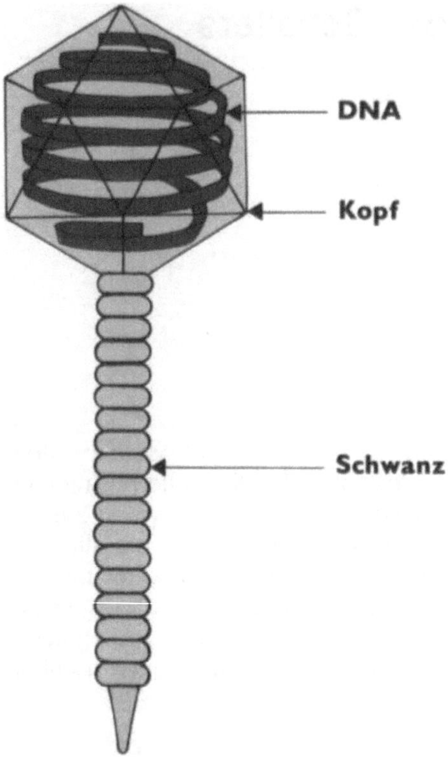

Abb. 1.1. Aufbau eines λ-Phagen. Der Phagenkopf enthält das λ-Chromosom, ein DNA-Molekül von etwa 50000 bp Länge. Der Phagenschwanz dient als Organ für die Anheftung an die Bakterien und für die Injektion der DNA in die infizierte Zelle

Diese Agenzien bewirken sämtlich einen Schaden an der Wirts-DNA; der Prophage spürt unter Zuhilfenahme bakterieller Enzyme die Auswirkung des induzierenden Agens, also den bevorstehenden Untergang seines Wirts, und schlägt unter Verzicht auf das vorher so nützliche Prinzip der passiven Replikation den lytischen Weg der Vermehrung ein.

Dieses Kapitel will erklären, warum die Genexpression des Phagen einerseits so stabil im lysogenen Zustand verharren kann, andererseits aber auch so leicht zur lytischen Vermehrungsform umschaltet, wenn das lysogene Bakterium einem induzierenden Signal ausgesetzt wird.

Insgesamt gesehen funktioniert der Schaltmechanismus folgendermaßen: In einem lysogenen Bakterium kodiert das einzige Phagengen, das angeschaltet ist, für ein Protein namens λ-Repressor. Dieser Repressor ist zugleich ein positiver und ein negativer Regulator der Genexpression. Durch seine Bindung an nur 2 Sequenzelemente auf der λ-DNA schaltet er sein eigenes Gen an und alle anderen Phagengene ab. – Wie das *Repressor*gen direkt nach der Infektion angeschaltet wird, also dann, wenn noch kein Repressorprotein vorhanden ist, wird in Kap. 3 erklärt.

Obwohl es in einem lysogenen Bakterium nur einen Prophagen gibt, sind ungefähr 100 aktive Repressormoleküle vorhanden; der überschüssige Repressor kann an zusätzliche λ-Chromosomen binden, die eventuell noch die Zelle infizieren.

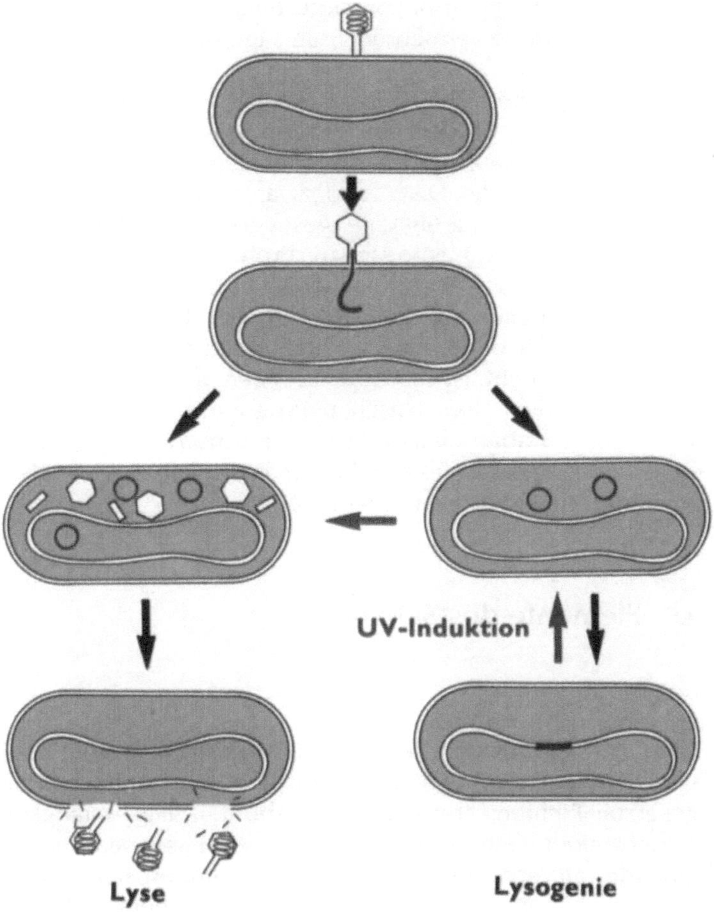

Abb. 1.2. Vermehrungszyklus von λ. Nach dem Eindringen in ein Wirtsbakterium kann das λ-Chromosom entweder den lytischen Weg einschlagen oder in den lysogenen Zustand übergehen; im 2. Fall läßt sich die lytische Vermehrung des Phagen durch Bestrahlung mit ultraviolettem Licht herbeiführen (*induzieren*). Die Induktion lysogener Bakterien wurde erstmals für einen Prophagen des Bakteriums *Bacillus megaterium* nachgewiesen

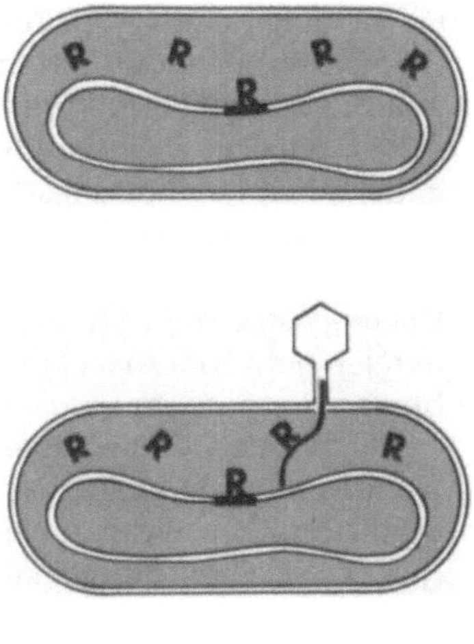

Abb. 1.3. Immunität eines λ-lysogenen Bakteriums. λ-Phagen injizieren ihre Chromosomen in ein λ-lysogenes Bakterium, aber Repressormoleküle *(R)* schalten sofort die Gene auf den „überinfizierenden" Chromosomen ab, so wie sie auch die eigenen Prophagen-Gene abschalten. Die Immunität gegen λ wird also von demselben Repressor bewirkt, der den Prophagen in seinem ruhenden Zustand hält

Das Ergebnis ist in Abb. 1.3 dargestellt: Auf einem λ-lysogenen Bakterium kann sich λ nicht lytisch vermehren. Man sagt, das lysogene Bakterium ist *immun* gegen eine λ-Infektion.

Ultraviolette Bestrahlung eines lysogenen Bakteriums inaktiviert den Repressor. Die Folge davon ist, daß ein weiteres regulatorisches Phagenprotein synthetisiert wird: das Cro-Protein. Cro ist nötig für den Ablauf des lytischen Programms. Es bindet ebenfalls an die DNA, und zwar an dieselben Operatorabschnitte wie der Repressor, jedoch mit entgegengesetztem physiologischem Effekt.

Diese beiden regulatorischen Proteine, Repressor und Cro-Protein, bilden zusammen mit der RNA-Polymerase und den entsprechenden Promotor- und Operatorelementen auf der DNA den genetischen Schalter. Etwas vereinfacht läßt sich sagen, daß der Schalter 2 Stellungen hat: In Position 1, die dem lysogenen Zustand entspricht, ist das *Repressor*gen an- und das *cro*-Gen abgeschaltet. Position 2 entspricht dem lytischen Programm; hier ist das *cro*-Gen an-, aber das *Repressor*gen abgeschaltet. Wir wollen nun die ungefähre Größe und Form der einzelnen Elemente dieses Schalters beschreiben und uns klarmachen, wie einige von ihnen sich gegenseitig beeinflussen.

1.1 Elemente des Schalters

DNA

Die Gene, die für den Repressor und das Cro-Protein kodieren, also die Gene *cI* und *cro*, liegen nebeneinander auf dem λ-Chromosom. Sie werden in entgegengesetzter Richtung transkribiert (s. Abb. 1.4). Die Anfangspunkte der Transkription dieser beiden Gene sind durch einen 80 Basenpaare langen DNA-Abschnitt voneinander getrennt. In diesem Bereich befinden sich 2 unterschiedliche Arten von Sequenzelementen, an die die Proteinkomponenten des Schalters binden können: *Promotoren* und *Operatoren*.

Die beiden Gene *cI* und *cro* besitzen jeweils ihren eigenen Promotor (Abb. 1.4). Der *cI*-Promotor, genannt p_{RM}, dirigiert die Polymerase nach links, der *cro*-Promotor p_R dirigiert sie nach rechts. Die DNA-Abschnitte, auf denen sich die beiden Promotoren befinden, sind in der Abbildung farbig dargestellt. Wie wir sehen, liegen die beiden Promotoren eng beieinander, überlappen sich aber nicht.

Der auf dem λ-Genom rechts gelegene Operator o_R setzt sich aus 3 nebeneinanderliegenden Bindungsstellen (*Operatorelementen*) zusammen, die ebenfalls in Abb. 1.4 dargestellt sind: o_R1, o_R2 und o_R3. Repressor und Cro-Protein binden an diese Stellen und regulieren dadurch die Aktivitäten der beiden Promotoren. Wichtig ist die Anordnung der 3 Bindungsstellen (Abb. 1.4): Sie fallen in den Bereich entweder des einen oder des anderen Promotors, o_R2 überlappt sogar mit beiden Promotoren.

Die 3 Operatorelemente haben jeweils eine Länge von 17 Basenpaaren. Ihre DNA-Sequenzen sind einander zwar ähnlich, aber nicht gleich; daher können die regulatorischen Proteine zwischen ihnen unterscheiden. Als Beispiel wollen wir 2 dieser 3 Elemente miteinander vergleichen. Nehmen wir an, Cro besäße unter-

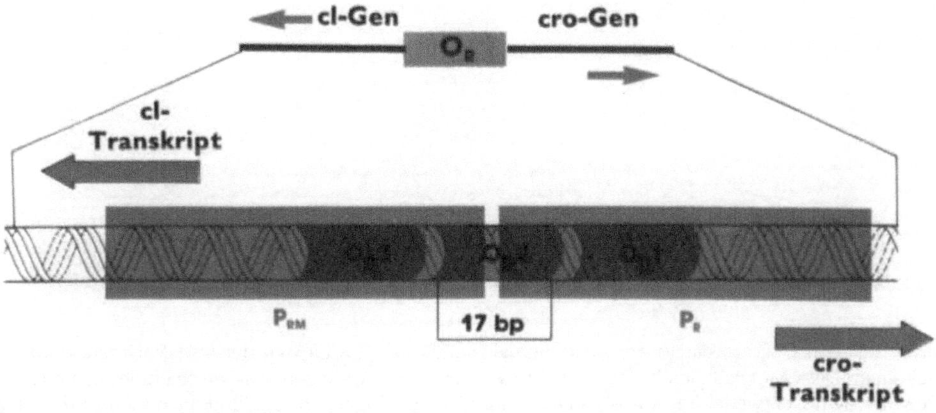

Abb. 1.4. Ein kurzes Stück der λ-DNA. Die beiden Promotoren p_{RM} und p_R sind Rücken gegen Rücken angeordnet. Sie schicken die Polymerase in verschiedene Richtung auf die Reise: nach links, um das *Repressor*gen *cI* zu transkribieren, und nach rechts, um das *cro*-Gen zu transkribieren. Der 3teilige rechte Operator o_R liegt zwischen diesen beiden Promotoren und überlappt mit ihnen. Die 3 Teile des Operators wollen wir als *Operatorelemente* bezeichnen

schiedlich hohe Affinitäten zu ihnen. Das würde bedeuten, daß in einer Serie von Momentaufnahmen das Cro-Protein (bei einer mittleren Konzentration) am häufigsten an der Stelle mit der höheren Bindungsfähigkeit zu finden wäre; bei höheren Proteinkonzentrationen würde Cro dann zusätzlich in gleichem Maße auch an die 2. Stelle binden.

Eine Bemerkung zur Nomenklatur (vollkommen verständlich werden die Bezeichnungen für die Schalterelemente erst dann, wenn wir sie im größeren Zusammenhang sehen können, d.h. vor allem in Kap. 3):

- Die Abkürzungen p_R und o_R stehen für den *rechten Promotor* und den *rechten Operator*. Es gibt außerdem auch einen *linken Promotor* und einen *linken Operator* (p_L und o_L); diese gehören jedoch nicht zu den Elementen des Schalters.
- Außer dem Gen *cI* gibt es auch noch die Gene *cII* und *cIII*.
- Der Name *cro* steht für *control of repressor and other genes*, womit die Aufgabe des zugehörigen Proteins umrissen wäre.
- p_{RM} ist die Abkürzung für *promoter of repressor maintenance*, also den Promotor, der für die Aufrechterhaltung der Repressorkonzentration (in lysogenen Zellen) zuständig ist. Neben diesem gibt es noch einen ähnlichen Promotor, von dem in Kap. 3 die Rede sein wird.

RNA-Polymerase

Die *RNA-Polymerase*, das Enzym, das Gene von DNA in RNA überschreibt, wird vom Wirtsbakterium zur Verfügung gestellt. Sie kann an p_R binden und dann nach rechts das *cro*-Gen transkribieren oder an p_{RM} binden und dann nach links das *cI*-Gen transkribieren.

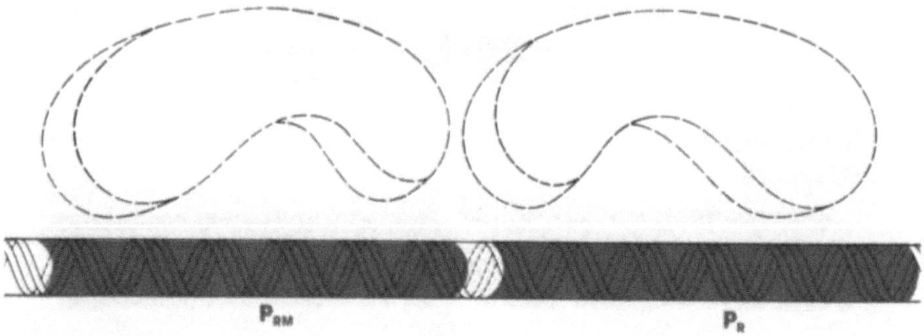

Abb. 1.5. Ein Ereignis, das in der Zelle niemals stattfindet: 2 Moleküle der RNA-Polymerase könnten auf einem DNA-Molekül gleichzeitig sowohl p_R als auch p_{RM} besetzen. Das geschieht jedoch nicht; die Polymerase hat entweder (in Anwesenheit des Repressors) Zugang zu p_{RM} und nicht zu p_R, oder sie hat (in Anwesenheit von Cro) Zugang zu p_R, dann aber nicht zu p_{RM}

Abb. 1.5 zeigt, welche DNA-Abschnitte besetzt würden, wenn 2 Polymerasemoleküle gleichzeitig an die beiden Promotoren binden könnten. Tatsächlich tritt jedoch diese Situation in der Zelle niemals ein. Je nach der Stellung des Schalters kann die Polymerase entweder an den einen oder an den anderen Promotor binden; in Anwesenheit des Repressors bindet sie an p_{RM}, aber nie an p_R, in Anwesenheit von Cro an p_R, aber nie an p_{RM}. Eine der wichtigen Fragen in diesem Kapitel lautet: Wieso haben Repressor und Cro eine so unterschiedliche Wirkung?

Ein wesentlicher Unterschied zwischen p_R und p_{RM} besteht darin, daß die RNA-Polymerase in der Lage ist, ohne Hilfe eines positiv regulierenden Proteins an p_R zu binden und die Transkription zu starten, bei p_{RM} dagegen nur dann effizient ansetzen kann, wenn sie von einem aktivierenden Protein unterstützt wird; diese Aufgabe erfüllt der Repressor.

Repressor

Der *Repressor* ist ein Protein mit 236 Aminosäuren; er faltet sich zu einer Überstruktur, die aus 2 fast gleich großen globulären Domänen sowie einem 39 Aminosäuren langen Verbindungsstück besteht (Abb. 1.6). Die beiden Teilstrukturen werden *Amino-* und *Carboxyldomäne* genannt, sie schließen die erste bzw. die letzte Aminosäure der Proteinkette mit ein.

Je 2 monomere Repressormoleküle lagern sich zusammen und bilden ein *Dimer* (Abb. 1.7). Das geschieht v. a. durch Kontakte zwischen den Carboxyldomänen; die Aminodomänen tragen nur wenig zur Dimerisierung bei. Etwa 95% der Repressormoleküle in einer lysogenen Bakterienzelle liegen als Dimer vor (Abb. 1.8).

Ihre Aminodomänen benutzen die Repressordimere zur Bindung an die DNA (Abb. 1.9). An jede der 3 Bindungsstellen im Bereich des Operators o_R kann sich ein Repressordimer anlagern; die Bindung findet an allen 3 Stellen immer auf derselben Seite der Doppelhelix statt.

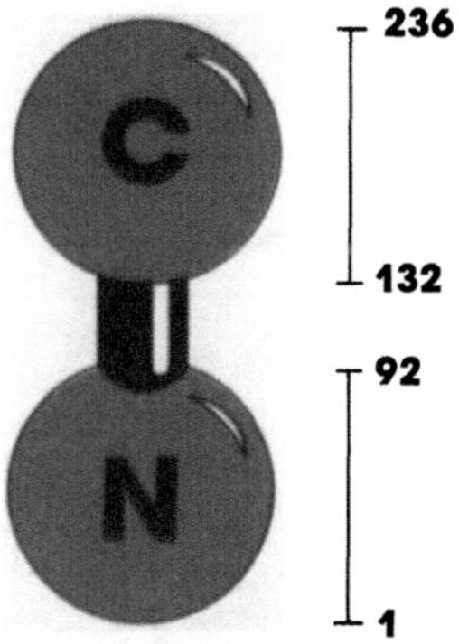

Abb. 1.6. Der λ-Repressor. Die Aminodomäne des Repressors umfaßt die Aminosäuren 1–92, seine Carboxyldomäne die Aminosäuren 132–236. Die restlichen 39 Aminosäuren bilden die Brücke zwischen den beiden Domänen

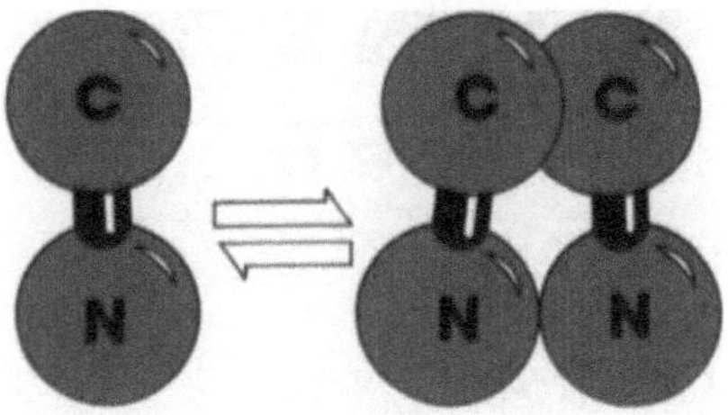

Abb. 1.7. Dimerisierung des λ-Repressors. Repressormonomere assoziieren zu Dimeren, die wiederum in Monomere zerfallen können. Oder anders ausgedrückt: Repressormonomere stehen im Gleichgewicht mit Dimeren. Wenn die Repressorkonzentration steigt, liegt auch ein größerer Anteil des Proteins als Dimer vor

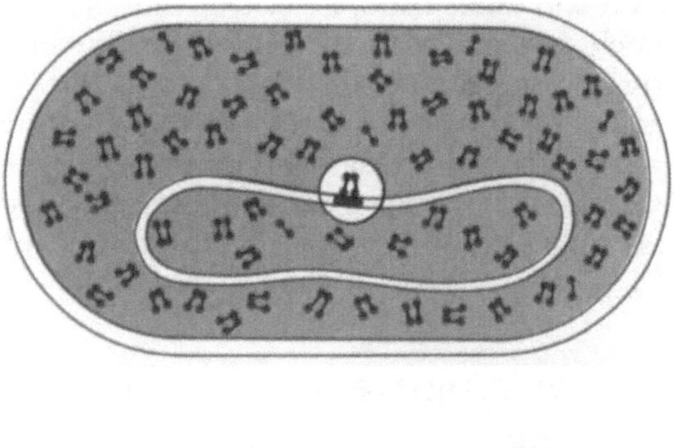

Abb. 1.8. Repressor im lysogenen Bakterium. In der lysogenen Bakterienzelle liegt der größte Teil des Repressors als Dimer vor. Das einzige, lange Chromosom von *E. coli* beherbergt einen integrierten Prophagen, an den die Repressormoleküle fest binden. Die restlichen Dimere sind locker mit anderen Teilen des Bakterienchromosoms assoziiert oder schwimmen frei in der Zelle umher

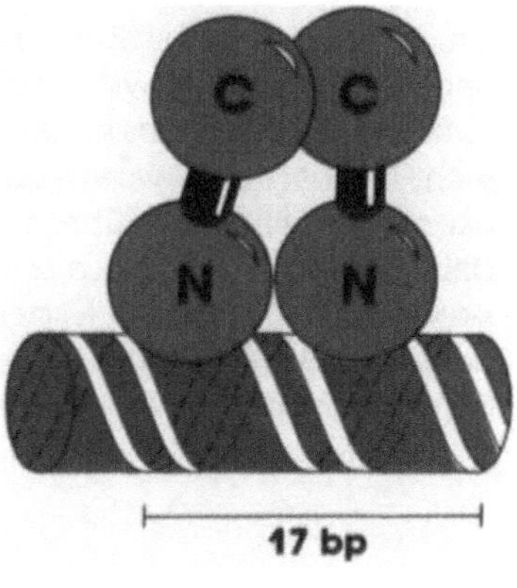

Abb. 1.9. Repressordimer bindet an ein 17 bp großes Operatorelement. Jede Aminodomäne deckt ein bestimmtes Segment der *großen Furche* ab. Auf diesen Punkt werden wir noch in Kap. 2 zurückkommen

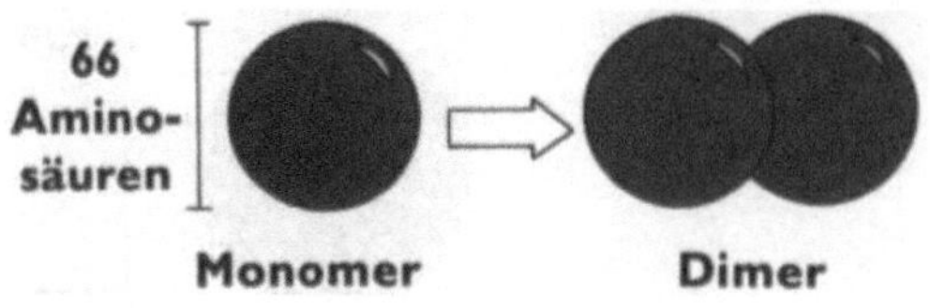

Abb. 1.10. Das Cro-Protein von λ. Das Cro-Monomer besitzt nur 66 Aminosäuren. Es faltet sich aber zu einer kugelförmigen Struktur zusammen, die ungefähr dieselbe Größe besitzt wie die Aminodomäne des Repressors

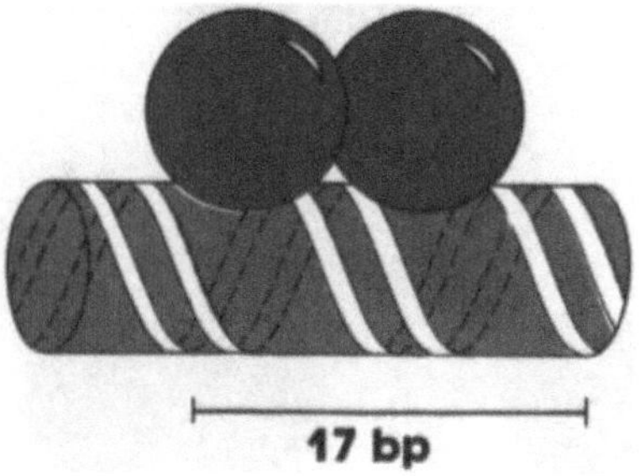

Abb. 1.11. Cro-Dimer bindet an ein 17 bp großes Operatorelement. Cro bindet auf derselben Seite der Doppelhelix an die DNA wie das Repressordimer

Cro-Protein

Das *Cro-Protein* ist eine Kette von nur 66 Aminosäuren, die sich zu einer einzigen Domäne faltet (Abb. 1.10). Die Affinität der Cro-Monomere untereinander ist so hoch, daß praktisch alle Cro-Moleküle in der Zelle als Dimere vorliegen. In Abwesenheit des Repressors kann Cro an die 3 Erkennungsstellen von o_R binden. An jeder Stelle lagert sich ein Cro-Dimer an die Helixoberfläche an und nimmt dieselbe Position ein wie ein Repressordimer (Abb. 1.11). Die beiden Proteine Repressor und Cro binden zwar an dieselben 3 Operatorelemente, sie besitzen aber entgegengesetzte Funktionen beim An- und Abschalten der Gene.

1.2 Wirkungsweise von Repressor und Cro-Protein

Um die Funktion des Repressors verstehen zu können, wollen wir uns zuerst ansehen, was geschieht, wenn ein einziges Repressordimer an o_R2 bindet, o_R1 und o_R3 aber unbesetzt bleiben. Diese Konstellation läßt sich unter normalen Umständen nicht beobachten; warum das so ist, werden wir noch erfahren. Man kann sie aber experimentell herbeiführen, und die Folgen sind aufschlußreich. Abb. 1.12 zeigt, daß ein Repressor, an o_R2 gebunden, die beiden Funktionen erfüllt, die für die Aufrechterhaltung des lysogenen Zustandes notwendig sind: Er schaltet das *cro*-Gen ab und das *Repressor*gen an. Wir wollen nun sehen, welche Mechanismen diesen Funktionen des Repressors zugrunde liegen.

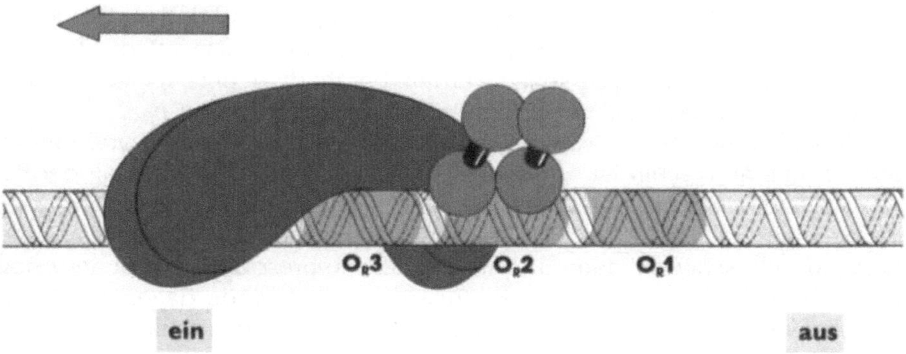

Abb. 1.12. Repressor an der o_R2-Bindungsstelle. In einem lysogenen Bakterium bindet der Repressor nie an o_R2, ohne vorher o_R1 zu besetzen. Könnte er jedoch nur an o_R2 binden, so würde p_{RM} angeschaltet, p_R abgeschaltet, *cI* transkribiert und *cro* nicht transkribiert. So wie sich aufgrund von Protein-Protein-Wechselwirkungen aus 2 Repressormonomeren ein Dimer bildet, so führen Bindungskräfte zwischen der Aminodomäne des Repressors und der Polymerase dazu, daß das Enzym leichter an die DNA bindet und die Transkription bei p_{RM} startet

Negative Regulation

Wenn der Repressor an o_R2 bindet, schaltet er das *cro*-Gen ab, indem er verhindert, daß sich die RNA-Polymerase an p_R anlagert; er deckt nämlich einen Teil der DNA ab, der frei sein muß, damit die Polymerase an p_R binden kann. Während also der Repressor o_R2 besetzt hält, ist es für die RNA-Polymerase unmöglich, Zugang zu den Sequenzen zu bekommen, die sie im p_R-Promotorbereich erkennen muß. Dieses Prinzip des gegenseitigen Ausschlusses liegt vielen Fällen von *negativer Regulation* zugrunde.

Positive Regulation

Wenn der Repressor an o_R2 bindet, hilft er der RNA-Polymerase, an die DNA zu binden und die Transkription bei p_{RM} zu starten, dem Promotor, der für die *cI*-Transkription im lysogenen Bakterium zuständig ist. Die Transkriptionsrate wird dadurch ungefähr um den Faktor 10 gesteigert. – Seinen Namen erhielt der Repressor ursprünglich aufgrund seiner Fähigkeit, alle anderen Phagengene abzuschalten. Erst später wurde deutlich, daß der Repressor gleichzeitig auch ein *positiver Regulator* ist, der die Transkription seines eigenen Gens steigert.

Wie der Repressor als positiver Regulator wirkt, ist in Abb. 1.12 angedeutet: Der o_R2-gebundene Repressor berührt die p_{RM}-gebundene RNA-Polymerase; dadurch erhöht sich die Affinität des Enzyms zu p_{RM}, denn es wird dort nicht nur durch die Wechselwirkungskräfte mit der DNA festgehalten, sondern auch durch den Protein-Protein-Kontakt mit dem Repressor.

Fassen wir zusammen: Ein o_R2-gebundenes Repressordimer blockiert p_R, indem es die Bindung der RNA-Polymerase an diesen Promotor verhindert, unterstützt das

Enzym jedoch bei der Initiation der p_{RM}-abhängigen Transkription. Das Repressordimer blockiert also die Transkription nach rechts und aktiviert die Transkription nach links. Wie wir in Kap. 2 sehen werden, beruht diese unterschiedliche Wirkung auf der Tatsache, daß o_R2 geringfügig näher an p_R liegt als an p_{RM}.

Wir wollen nun sehen, welche Wirkung ein einzelnes Repressordimer hat, das an o_R1 oder an o_R3 bindet. Ein Repressor bei o_R1 würde die Bindung der Polymerase an p_R blockieren, wäre aber zu weit entfernt, um die Polymerase bei p_{RM} noch zu beeinflussen (Abb. 1.13). Die Transkriptionsaktivität von diesem Promotor aus wäre nur sehr schwach, denn o_R2 wäre frei von Repressor (p_{RM} ist in der Abbildung als abgeschaltet dargestellt). Ein Repressor bei o_R3 würde dagegen die Bindung der Polymerase an p_{RM} blockieren, aber keine Auswirkung auf p_R haben (Abb. 1.14).

Könnte man in einer Serie von Momentaufnahmen in das Innere eines λ-lysogenen Bakteriums blicken, dann fände man eine Situation vor, wie sie in Abb. 1.15 beschrieben ist: o_R1 und o_R2 sind praktisch immer von Repressordimeren besetzt, o_R3 ist in der Regel unbesetzt. Eine solche Anordnung von Repressormolekülen schaltet p_R ab und p_{RM} an. Die Folge davon ist eine anhaltende Synthese des Repressors, nicht aber des Cro-Proteins. Was nun sind die Gründe für dieses Schema, dem der Repressor im lysogenen Bakterium bei seiner Bindung an die 3 Operatorelemente folgt?

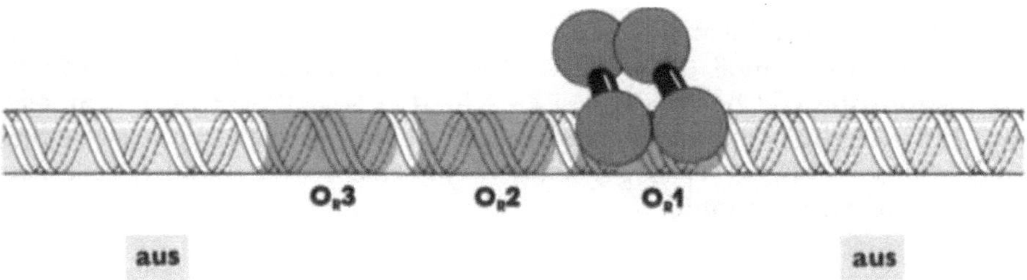

Abb. 1.13. Repressor an der o_R1-Bindungsstelle. Wenn der Repressor nur an o_R1 bindet, versperrt er der Polymerase den Zugang zu p_R, nicht aber zu p_{RM}. Trotzdem ist in diesem Falle p_{RM} nicht aktiv, weil nur ein o_R2-gebundenes Repressordimer die Polymerase bei der Bindung an p_{RM} unterstützen kann

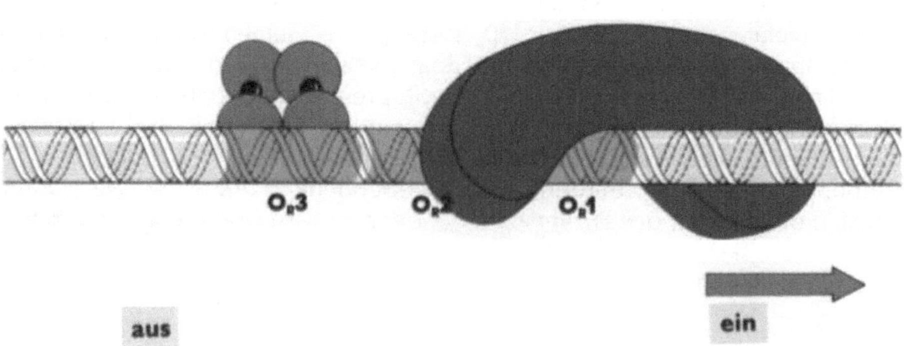

Abb. 1.14. Repressor an der o_R3-Bindungsstelle. Würde der Repressor nur an o_R3 binden, so hätte er keinen Einfluß auf p_R. Dieser Promotor wäre also aktiv, p_{RM} dagegen abgeschaltet

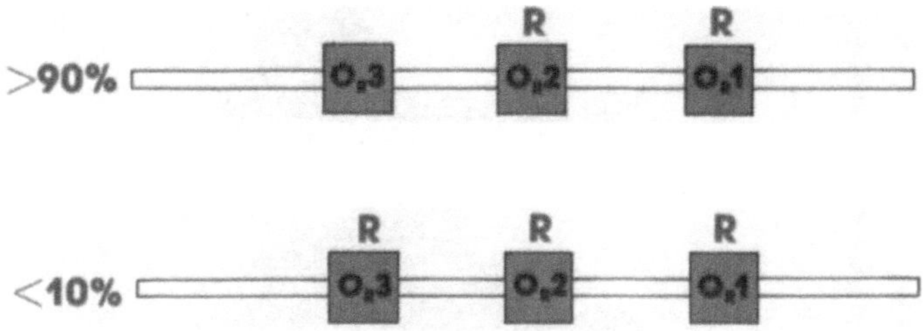

Abb. 1.15. λ-Operator in einem lysogenen Bakterium. Im lysogenen Bakterium sind die Repressordimere vor allem an o_R1 und an o_R2 gebunden, im geringen Maße auch an o_R3

Kooperativer Effekt bei der Bindung des Repressors

Zwei Faktoren bestimmen die Wechselwirkung zwischen dem dimeren Repressor und den 3 Operatorelementen. Ein Faktor ist die Affinität des Dimers zu jeder einzelnen der 3 Bindungsstellen; wir nennen sie die *intrinsische* Affinität des Repressors, also die Affinität „an sich". Der andere Faktor sind die Kräfte, die zwischen 2 Repressordimeren dann auftreten, wenn sie sich an benachbarten Bindungsstellen befinden. So wie der o_R2-gebundene Repressor der Polymerase bei der Bindung an den Promotor p_{RM} hilft, so können Repressormoleküle miteinander in Wechselwirkung treten und einander die Bindung an die DNA erleichtern.

Stellen wir uns ein Repressordimer vor, das sich einem unbesetzten Operator nähert. Obwohl das Protein alle 3 Stellen ausprobieren könnte, heftet es sich gewöhnlich an o_R1 (Abb. 1.16) – eine andere Ausdrucksweise für die Tatsache, daß der Repressor zu o_R1 die größere Affinität besitzt. Die Bindung eines Dimers an o_R1 erhöht sofort die Anziehungskraft von o_R2 auf das nächste Repressordimer, da dieses durch die Bindung an o_R2 auch mit dem o_R1-gebundenen Repressor in Kontakt treten kann. Durch die Wechselwirkung zwischen den o_R1- und o_R2-gebundenen Repressordimeren werden also die beiden Erkennungsstellen praktisch gleichzeitig besetzt.

Abb. 1.16 zeigt weiterhin, daß bei höheren Repressorkonzentrationen außer o_R1 und o_R2 auch noch o_R3 besetzt wird. Wie wir gesehen haben, schaltet der Repressor bei einer Bindung an o_R3 den Promotor p_{RM} ab. Der Repressor bindet an o_R3 deutlich schlechter als an o_R2, obwohl seine intrinsischen Affinitäten zu den beiden Erkennungsstellen fast gleich groß sind (d.h. etwa 10 mal kleiner als die zu o_R1): Die Repressorbindung an o_R2 wird durch Wechselwirkung mit o_R1-gebundenem Repressor unterstützt, während eine weitere Repressorbindung bei o_R3 dann ohne solche Hilfe stattfinden muß.

Warum erleichtert der o_R2-gebundene Repressor die Bindung der Polymerase an p_{RM}, aber nicht die eines 3. Repressordimers an o_R3? In Abb. 1.16 und – etwas genauer – in Abb. 1.17 findet sich die Antwort: Die Repressor-Repressor-Wechselwirkung beruht auf Kontakten zwischen den Carboxyldomänen benachbarter Dimere. Sobald einmal ein o_R2-gebundenes Repressordimer mit einem o_R1-gebundenen ein Tetramer gebildet hat, steht es für den Kontakt mit einem weiteren Dimer bei o_R3 nicht mehr zur Verfügung.

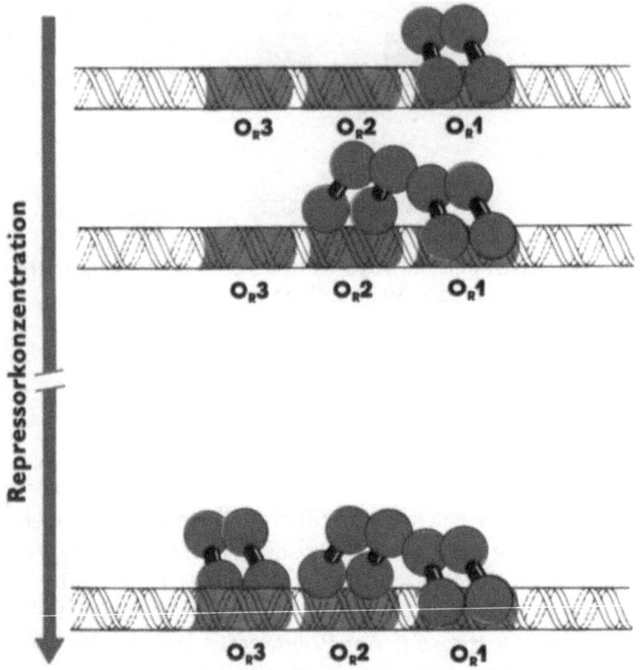

Abb. 1.16. Bindung des Repressors an die 3 Operatorelemente von o_R. An o_R1 bindet der Repressor ungefähr 10 mal so fest wie an o_R2 oder o_R3. Das bedeutet, daß sich der Repressor zuerst an o_R1 anlagert; das nächste Repressordimer bindet dann aber sehr schnell an o_R2. Dagegen bleibt o_R3 weiterhin eine schwache Bindungsstelle, die erst bei hohen Repressorkonzentrationen besetzt wird

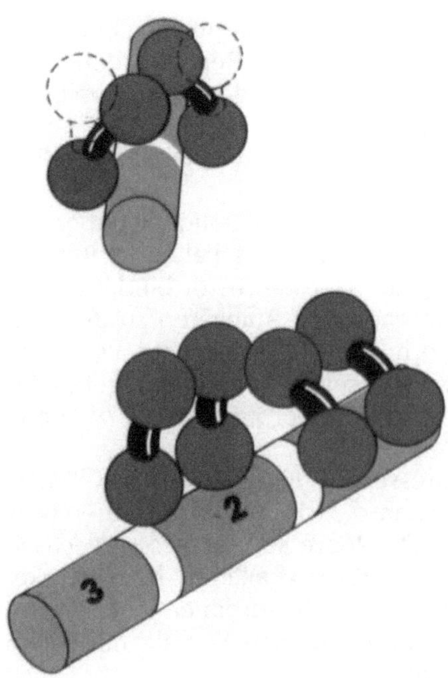

Abb. 1.17. Wechselwirkung zwischen benachbarten Repressordimeren. Das Verbindungsstück zwischen Amino- und Carboxyldomäne des Repressors ist flexibel. Ein o_R2-gebundener Repressor kann daher mit einem o_R1-gebundenen in Kontakt treten

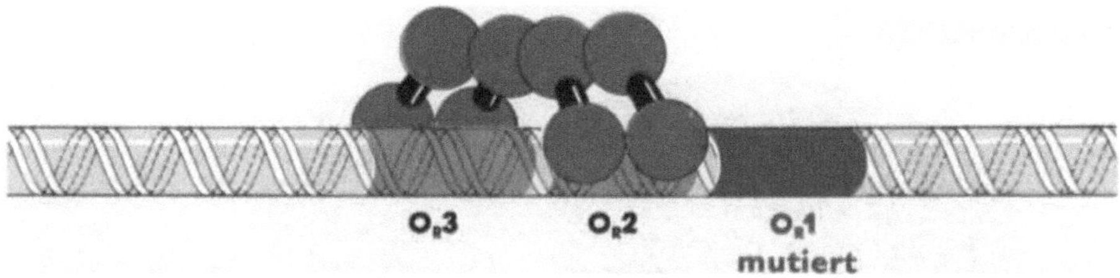

Abb. 1.18. Wechselwirkung zwischen o_R2- und o_R3-gebundenen Repressordimeren. Wenn o_R1 mutiert ist, so daß dort kein Repressor binden kann, dann hat ein o_R2- gebundener Repressor die Möglichkeit, mit einem Repressor bei o_R3 in Kontakt zu treten. Durch diese Wechselwirkung steigen die Affinitäten des Repressors zu o_R2 und o_R3 ungefähr auf das 5fache der einzeln gemessenen (*intrinsischen*) Affinitäten

Wir stellen uns vor, daß zur Ausbildung von Wechselwirkungen zwischen Dimeren bei o_R1 und o_R2 die Proteine sich sozusagen aneinander anlehnen. Eine solche Verdrehung ist möglich aufgrund der Flexibilität des Peptidstücks, das die Amino- und die Carboxyldomäne miteinander verbindet. Nun kann ein Dimer bei o_R2, das sich nach rechts lehnt (Abb. 1.16) und zu einem Dimer bei o_R1 Kontakt hat, nicht gleichzeitig ein Dimer bei o_R3 berühren. Das bedeutet, daß o_R3 ohne Hilfestellung besetzt werden muß. Mit der an p_{RM} gebundenen Polymerase kann ein o_R2-gebundener Repressor dennoch in Wechselwirkung treten, weil dieser Kontakt von der Aminodomäne des Repressors hergestellt wird, also von der Domäne, die auch für die DNA-Bindung zuständig ist. Eine der Aminodomänen liegt gerade so, daß dieser Kontakt stattfinden kann.

Wenn wir die Wechselwirkung zwischen o_R1- und o_R2-gebundenen Repressordimeren korrekt beschrieben haben und wenn man erreichen könnte, daß o_R1 unbesetzt bleibt, dann müßte es möglich sein, daß ein an o_R2 gebundener Repressor sich nach links lehnt und mit einem o_R3-gebundenen Repressor in Wechselwirkung tritt. In der Tat kann man Kontakte zwischen o_R2- und o_R3-gebundenen Dimeren herstellen, wenn man dafür sorgt, daß durch Mutation oder Deletion von o_R1 kein Repressor an dieses Operatorelement binden kann: Unter den Umständen werden jetzt o_R2 und o_R3 von 2 Repressordimeren gleichzeitig besetzt (Abb. 1.18).

Die Protein-Protein-Wechselwirkungen, die wir beschrieben haben, sind Beispiele für sogenanntes *kooperatives Verhalten*; die gleichzeitige Bindung von Repressordimeren an o_R1 und o_R2 wird als *kooperative Bindung* bezeichnet. Da die dimeren Proteine jeweils nur dann miteinander in Kontakt treten, wenn sie an o_R1 und o_R2 oder an o_R2 und o_R3 gebunden sind, kann man die Art der Kooperativität als *alternativ paarig* bezeichnen.

1.3 Induktion: der Schalter springt um

Im lysogenen Bakterium ist der Repressor an o_R1 und o_R2 gebunden, er hält das *cro*-Gen abgeschaltet und stimuliert die Transkription seines eigenen Gens *cI* (Abb. 1.19). Während die Zellen wachsen und sich teilen, wird fortlaufend Repres-

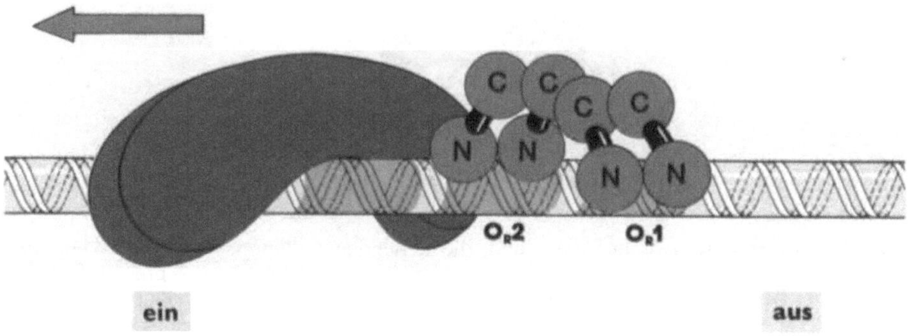

Abb. 1.19. Repressor und RNA-Polymerase in einem lysogenen Bakterium. Im lysogenen Bakterium bindet der Repressor an o_R1 und an o_R2, aktiviert p_{RM} und schaltet gleichzeitig p_R ab

sor synthetisiert, und das *cro*-Gen bleibt stumm. Steigt die Repressorkonzentration an, wie es z.B. vorkommt, wenn man die Zellteilung vorübergehend unterbindet, so besetzt der Repressor auch noch o_R3 und schaltet dadurch sein eigenes Gen ab. Beginnt die Zelle dann wieder, sich zu teilen, und sinkt die Repressorkonzentration auf den entsprechenden Wert ab, so nimmt das *cI*-Gen seine Funktion wieder auf und sorgt für die Produktion weiterer Repressormoleküle. Auf diese Weise bleibt die Repressorkonzentration in der Zelle trotz Änderungen in der Zellteilungsrate konstant.

In der Bakterienzelle läuft ein kontinuierlicher Prozeß ab: Der Repressor löst sich vom Operator und bindet dann wieder oder wird durch ein anderes Repressormolekül ersetzt, das gerade in der Nähe ist. Die Repressorkonzentration ist so hoch, daß die Besetzung von o_R1 und o_R2 jederzeit mit großer Wahrscheinlichkeit gewährleistet ist. Der lysogene Zustand ist somit in Abwesenheit von induzierenden Agenzien faktisch unbegrenzt lange stabil.

Nun sind wir auch in der Lage, die dramatischen Auswirkungen des ultravioletten Lichts in einer lysogenen Zelle zu verfolgen. Sie beginnen mit der Reaktionskette, die in Abb. 1.20 dargestellt ist. Die primäre Auswirkung eines induzierenden Agens wie des ultravioletten Lichts besteht in einer Schädigung der DNA. Auf eine Weise, die wir noch nicht ganz verstehen, führt diese Schädigung zu einer tiefgreifenden Veränderung im Verhalten eines bakteriellen Proteins mit Namen *RecA*.

Unter normalen Bedingungen katalysiert RecA die Rekombination zwischen DNA-Molekülen. Wenn aber die DNA geschädigt wird, verwandelt sich dieses Protein zusätzlich in eine hochspezifische Protease, die monomere λ-Repressormoleküle spaltet. RecA spaltet außerdem auch noch andere Repressorproteine in der Zelle und schaltet dadurch Gene an, die der nichtlysogenen Zelle helfen, die ansonsten tödliche Wirkung von ultraviolettem Licht zu überleben (s. Kap. 3).

Die Spaltung des Repressors findet an einer ganz bestimmten Stelle statt (Abb. 1.20) innerhalb der Region, die Amino- und Carboxyldomäne miteinander verbindet. Die Trennung der beiden Domänen bedeutet eine wirkungsvolle Inaktivierung des Repressors: Die isolierten Aminodomänen können nicht mehr dimerisieren, und die monomere Form besitzt eine zu geringe Affinität zum Operator, um bei der Konzentration, die im lysogenen Bakterium vorliegt, noch wirkungsvoll

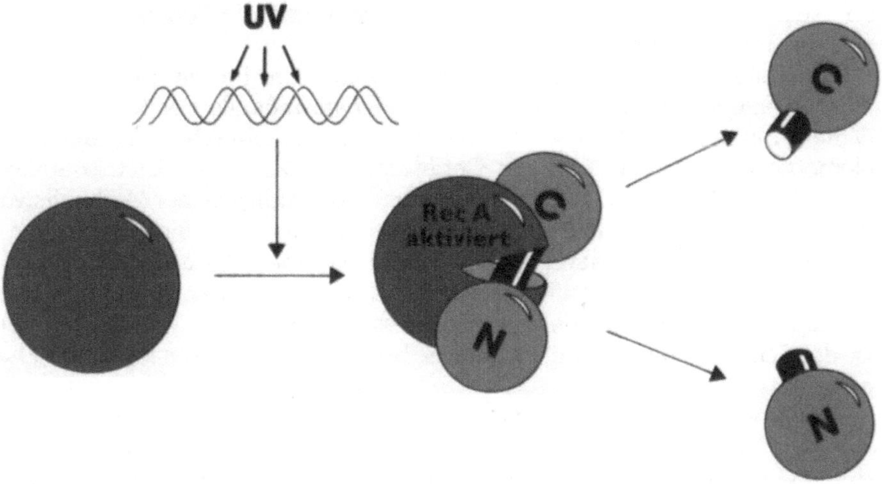

Abb. 1.20. Spaltung des Repressors durch RecA. Der Repressor wird im Verbindungsstück der beiden Domänen zwischen den Aminosäuren Alanin und Glycin gespalten

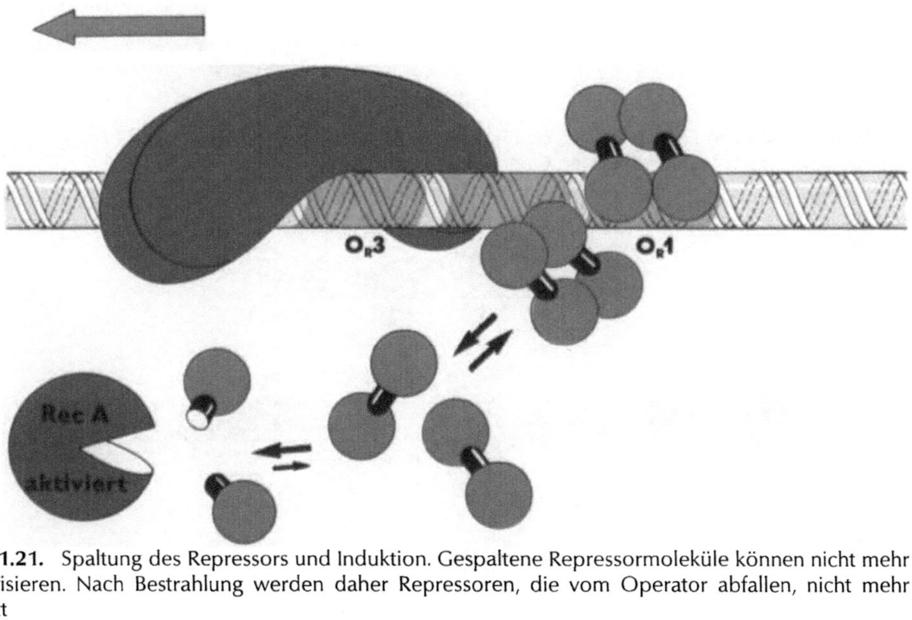

Abb. 1.21. Spaltung des Repressors und Induktion. Gespaltene Repressormoleküle können nicht mehr dimerisieren. Nach Bestrahlung werden daher Repressoren, die vom Operator abfallen, nicht mehr ersetzt

binden zu können. Wenn sich jetzt ein Repressordimer vom Operator löst, dann sind nicht mehr genug Dimere vorhanden, um es zu ersetzen (Abb. 1.21).

Die Spaltung des Repressors wirkt sich in 2facher Hinsicht aus. Erstens sinkt die Rate seiner eigenen Synthese, da das gespaltene Protein nicht mehr an o_R2 (und o_R1) binden kann und damit die Voraussetzung für die Aktivierung der Transkription seines eigenen Gens fehlt. Zweitens kann jetzt die Polymerase an p_R binden und die Transkription des *cro*-Gens starten.

Der weitere Verlauf der Dinge wird nun vom Cro-Protein bestimmt. Es benutzt einen weniger komplizierten Wirkungsmechanismus als der Repressor: Die Cro-Dimere binden unabhängig voneinander – nichtkooperativ – an die 3 Operatorelemente von o_R (Abb. 1.22). Im Gegensatz zum Repressor ist Cro ausschließlich ein negativer Regulator. Der Schlüssel zum Verständnis seiner Wirkungsweise liegt darin, daß die Reihenfolge seiner Affinitäten zu den 3 o_R-Bindungsstellen der des Repressors entgegengesetzt ist. Das erste Cro-Molekül, das gebildet wird, bindet an o_R3 (Abb. 1.23). Es hält die Polymerase davon ab, an p_{RM} zu binden, und verhindert so eine weitere Synthese des Repressors. Mit diesem entscheidenden Schritt ist der Schalter umgesprungen, und es beginnt der Weg der lytischen Phagenvermehrung.

Der Promotor p_R bleibt in dieser Situation aktiv, d.h., er sorgt weiterhin für die Transkription des *cro*-Gens sowie der Gene, die weiter rechts von *cro* liegen und deren Genprodukte für die frühen Stadien des lytischen Programms benötigt wer-

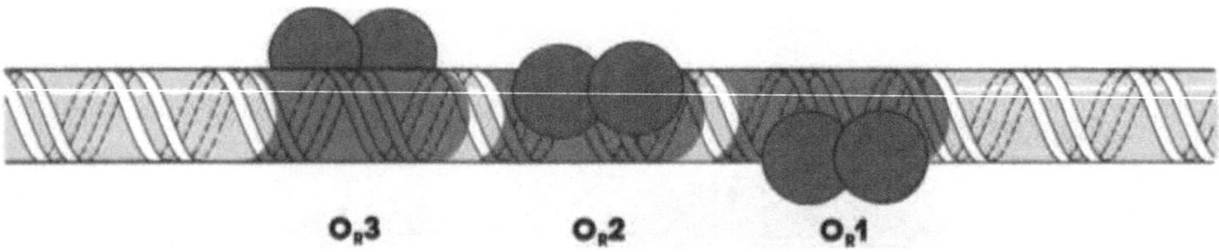

Abb. 1.22. Das Cro-Protein an den o_R-Bindungsstellen. Cro-Dimere binden unabhängig voneinander an die Bindungsstellen des 3teiligen Operators

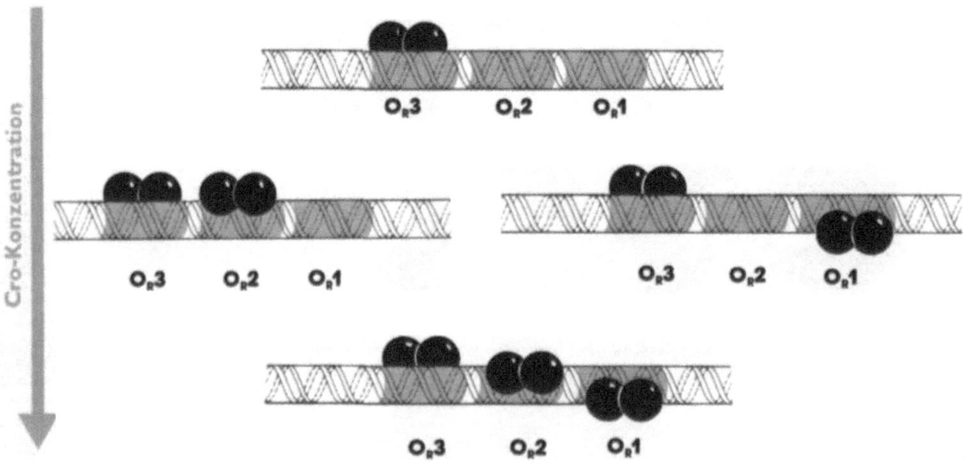

Abb. 1.23. Reihenfolge der Bindung von Cro-Dimeren an die 3 o_R-Operatorelemente. Die Affinität von Cro zu o_R3 ist ungefähr 10 mal so hoch wie die zu o_R2 und o_R1. Nachdem das 1. Cro-Dimer o_R3 besetzt hat, bindet das nächste an o_R1 bzw. o_R2. Die Reihenfolge, in der Cro die Bindungsstellen besetzt, ist damit umgekehrt wie diejenige, mit der der Repressor bindet. Für die Affinität des Cro-Proteins zu den Bindungsstellen im Wildtypoperator o_R gilt daher: $o_R3 > o_R1 = o_R2$, während für die Affinität des Repressors gilt: $o_R1 > o_R2 = o_R3$

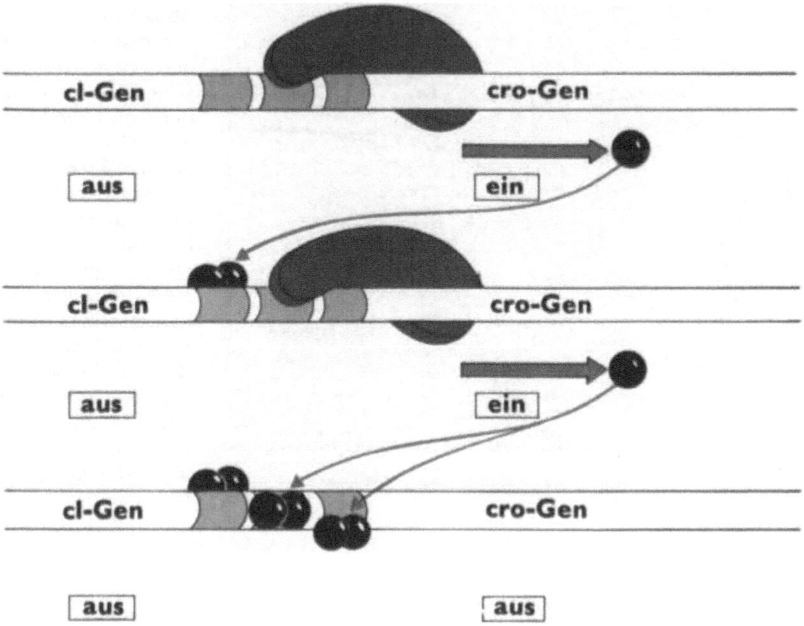

Abb. 1.24. Wirkung von Cro. Cro stoppt zuerst die p_{RM}-abhängige Synthese des Repressors und schaltet dann auch die Transkription seines eigenen Gens ab

den (s. Kap. 3). Es wird nun mehr und mehr Cro-Protein hergestellt, bis eine Konzentration erreicht ist, bei der o_R2 und o_R1 ebenfalls besetzt werden und die Polymerase davon abgehalten wird, noch weiter an p_R zu binden (Abb. 1.24). Cro sorgt als erstes dafür, daß die Synthese des Repressors abgeschaltet wird, und erst viel später reduziert es dann auch die Expression seines eigenen Gens und anderer Gene, die in der frühen Phase des lytischen Programms aktiv sind.

1.4 Kooperativität: die Empfindlichkeit des genetischen Schalters

Wir haben 3 Arten von Kooperativität beschrieben, die alle auf Protein-Protein-Wechselwirkungen beruhen. Sie tragen in verschiedener Weise dazu bei, daß der Schaltmechanismus besonders effizient wird:

- Repressormonomere lagern sich zu DNA-bindungsfähigen Dimeren zusammen, die spontan wieder zu Monomeren zerfallen können; in der Zelle stehen Monomere und Dimere im Gleichgewicht. Um die Bindung eines Dimers an die DNA zu beschreiben, könnte man sagen: ein Monomer hilft dem anderen, an den Operator zu binden – oder anders ausgedrückt: 2 Monomere binden in kooperativer Weise an dieselbe Erkennungsstelle.
- Repressordimere binden kooperativ an benachbarte Operatorelemente. Das bedeutet in erster Linie, daß ein o_R1-gebundenes Repressordimer einem anderen hilft, an o_R2 zu binden.

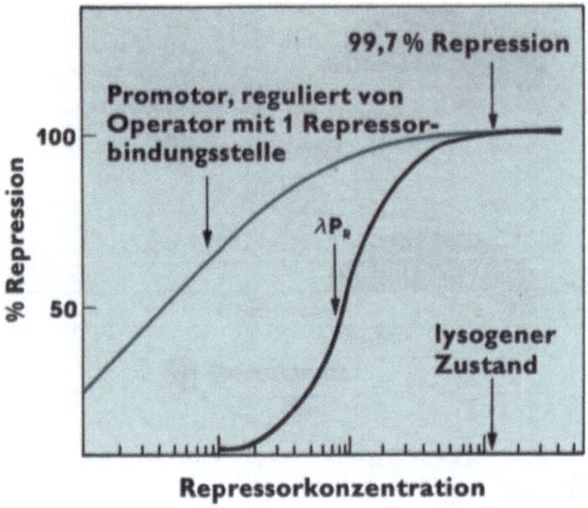

Abb. 1.25. Abhängigkeit der Repression eines Gens von der Repressorkonzentration in 2 unterschiedlichen Systemen. Wenn wir der *schwarzen Linie* von rechts nach links folgen, sehen wir, daß im lysogenen Bakterium die Repression nur solange aufrechterhalten wird, bis die Repressorkonzentration auf 1/5 des Anfangswertes gesunken ist. Dann reagiert das System drastisch auf jedes weitere Absinken der Repressorkonzentration – Induktion findet statt. Ein Operator mit nur 1 Repressorbindungsstelle würde dagegen zu einer wesentlich trägeren Reaktion des Systems auf eine Änderung in der Repressorkonzentration führen (*grüne Linie*)

– Der o_R2-gebundene Repressor hilft der Polymerase, an die DNA zu binden und die Transkription bei p_{RM} zu starten.

Um die gesamte Auswirkung dieser einzelnen Effekte besser verstehen zu können, wollen wir Abb. 1.25 zu Hilfe nehmen, in der die Aktivität von p_R in Abhängigkeit von der Repressorkonzentration graphisch dargestellt ist. In einem lysogenen Bakterium ist soviel Repressor vorhanden, daß die p_R-Aktivität kontinuierlich auf etwa 1/1000 ihres maximalen Wertes gedrosselt wird. Bei einem Absinken der Repressorkonzentration auf 1/2–1/3 der Ausgangskonzentration bleibt die Aktivität von p_R unverändert niedrig. Das heißt, die Repression von p_R ist gegen normale Fluktuationen in der Repressorkonzentration abgepuffert, und lysogene Bakterien werden nur selten durch zufällige Konzentrationsschwankungen induziert. Wenn dann aber die Repressorkonzentration auf ungefähr 1/5 des Anfangswertes absinkt, reagiert der p_R-Promotor drastisch und arbeitet mit etwa 50% seiner vollen, ungedrosselten Leistung. Als Folge wird jetzt soviel Cro-Protein synthetisiert, daß der Schalter umspringen kann.

Zum besseren Verständnis der Kooperativität wollen wir einen hypothetischen Schalter ohne solche kooperativen Effekte betrachten. Nehmen wir an, o_R bestünde nur aus einer einzigen Bindungsstelle, z. B. o_R2, so könnte das Regelsystem zwar arbeiten, aber nicht sehr differenziert. Wäre in einem lysogenen Bakterium ein Repressordimer an diese o_R2-Stelle gebunden, fest genug, um die p_R-Aktivität auf 1/1000 ihres maximalen Wertes zu senken, so ließe sich die Induktion des Prophagen nur in sehr geringem Umfange herbeiführen: Über 99% des Repressors müßten inaktiviert werden, damit das lytische Programm beginnen könnte – eine Voraussetzung, die nur selten erfüllt ist.

Die Eigenschaften des λ-Repressors geben somit eine Antwort auf das Problem, mit dem sich Entwicklungsbiologen beschäftigen: Wie kann eine vergleichsweise geringe Änderung in der Konzentration eines Regulatorproteins zuverlässig das

Umschalten einer Genexpression bewirken? Das kooperative Verhalten unter den Repressormonomeren – also die Tatsache, daß sie als Dimere an die Operatorelemente binden – und dazu die Kooperativität unter den DNA-gebundenen Repressordimeren verstärken wesentlich die Wirkung, die ein Absinken der Repressorkonzentration zur Folge hat; und die Tatsache, daß der Repressor die Transkription seines eigenen Gens als positiver Regulator stimuliert, bewirkt dazu noch, daß die Syntheserate von neuen Repressormolekülen sinkt, wenn die Repressorkonzentration abfällt. Erreicht die Repressorkonzentration dabei schließlich den kritischen Punkt, so blockiert das 1. neusynthetisierte Cro-Molekül endgültig jede weitere Repressorsynthese, und das lytische Programm beginnt.

Die beiden Kurven in Abb. 1.25 – eine beschreibt das kooperative λ-System, die andere ein nichtkooperatives System mit nur 1 Bindungsstelle – haben Ähnlichkeit mit den Kurven, die das Verhalten der sauerstofftransportierenden Moleküle Hämoglobin und Myoglobin beschreiben. Hämoglobin befördert Sauerstoff von der Lunge ins Gewebe, und Myoglobin hilft, Sauerstoff innerhalb des Muskels zu transportieren.

Der Sauerstoffpartialdruck ist im Gewebe zwar niedriger als in der Lunge, der Unterschied ist aber nicht sehr groß (das Verhältnis beträgt ungefähr 1:5). Trotzdem kann Hämoglobin den Sauerstoff effizient in der Lunge aufnehmen und im Gewebe ebenso leicht wieder abgeben. Die Kurve, die die Bindung des Sauerstoffs an Hämoglobin beschreibt, ähnelt der hochkooperativen schwarzen Kurve in Abb. 1.25. Die 4 Untereinheiten des Hämoglobins können jeweils mit 1 Sauerstoffmolekül besetzt werden. Diese Bindung der 4 Sauerstoffgruppen vollzieht sich in kooperativer Weise und ist sehr empfindlich gegenüber Änderungen der Sauerstoffkonzentration.

Eine nichtkooperative Kurve, ähnlich wie die grün gezeichnete in Abb. 1.25, beschreibt die Bindung des Sauerstoffs an Myoglobin. Jedes Myoglobinmolekül kann nur mit einem Sauerstoffmolekül beladen werden, und diese Bindung ist wesentlich weniger empfindlich gegenüber Schwankungen der Sauerstoffkonzentration, als es beim Hämoglobin der Fall ist.

1.5 Autoregulation

Wir haben gesehen, daß der Repressor in lysogenen Bakterien die Transkription seines eigenen Gens durch die Bindung an o_R1 und o_R2 stimuliert und daß er darüber hinaus durch die Bindung an o_R3 seine eigene Konzentration begrenzen kann. Durch diese Wechselwirkung mit o_R3 sorgt der Repressor dafür, daß seine Konzentration nie das Maß überschreitet, das dem Prophagen noch erlaubt, wirkungsvoll auf ein induzierendes Signal zu antworten.

Zuviel Repressor würde die Induktion aus 2 Gründen unterbinden:

- RecA spaltet die Monomere des Repressors recht langsam; wäre die Repressorkonzentration zu hoch, so würde der Anteil an gespaltenem Repressor nicht ausreichen, um die Induktion einzuleiten.

- Selbst eine ausreichende Repressorspaltung würde bei hohen Repressorkonzentrationen die Repression nicht aufheben: Auch wenn gespaltene Repressormonomere nicht mehr in der Lage sind, Dimere zu bilden, so können die isolierten Aminodomänen doch noch nichtkooperativ an den Operator binden. Bei genügend hohen Konzentrationen werden die Aminodomänen die 3 Bindungsstellen besetzen, ob sie nun Teile von Repressordimeren sind oder nicht.

Sich selbst kontrollierende Regelkreise mit negativer und positiver Rückkopplung reagieren sehr unterschiedlich auf Störungen, wie wir an den beiden Teilaspekten der Selbstregulation des Repressors gesehen haben. Negative Regulation ist selbstkorrigierend oder *homöostatisch*, während positive Regulation destabilisierend wirkt. Wäre nur die negative Regulation wirksam, so würde bei einer Zu- oder Abnahme der Repressorkonzentration die Geschwindigkeit der Repressorsynthese im umgekehrten Sinne ab- bzw. zunehmen und die Repressorkonzentration zum Gleichgewichtspunkt zurückführen. Im Gegensatz dazu würde ein positiver Regelkreis auf jede Änderung der Repressorkonzentration mit einer Verstärkung antworten; die Zunahme der Repressorkonzentration bedeutete eine Steigerung, die Abnahme eine Senkung der Syntheserate des Repressors.

In der Praxis reicht die Repressorkonzentration in einem lysogenen Bakterium aus, um p_{RM} fast maximal zu stimulieren. Unter normalen Bedingungen ist o_R3 nur zu ungefähr 10% der Zeit besetzt. Daher wird der negative Regelkreis auch nur gelegentlich aktiviert, um vorübergehend einer zu starken Zunahme der Repressorkonzentration entgegenzuwirken.

1.6 Andere Beispiele

Außer λ gibt es noch viele andere Phagen, die eine lytische und eine (induzierbare) lysogene Form der Vermehrung kennen. Sehen in diesen Fällen die Schalter ähnlich wie der λ-Schalter aus?

Wir wollen 2 dieser Phagen betrachten, 434, der sich auf *Escherichia coli* vermehrt, und P22, dessen Wirt *Salmonella typhimurium* ist. 434- und P22-lysogene Bakterien lassen sich wie λ-lysogene Bakterien wirksam mit ultraviolettem Licht induzieren. Beide Phagen kodieren für einen Repressor und für ein Cro-Protein, deren Angriffspunkt auf der Phagen-DNA dem Bereich des rechten λ-Operators entspricht.

Trotz einiger Unterschiede im Detail gilt folgende Beschreibung für alle 3 Phagen:

- Der rechte Operator umfaßt 3 Bindungsstellen des Repressors, von denen 2, o_R1 und o_R2, im lysogenen Bakterium besetzt sind. Dabei spielen immer kooperative Wechselwirkungen zwischen benachbarten Repressordimeren eine entscheidende Rolle.
- Der monomere Repressor besitzt 2 strukturelle Domänen. Die Monomere stehen im Gleichgewicht mit Dimeren, der DNA- bindenden Form des Repressors.

Wenn Repressordimere die Bindungsstellen o_R1 und o_R2 besetzen, schalten sie die p_R-abhängige Transkription ab und die p_{RM}-abhängige an.
- Durch Induktion mit ultraviolettem Licht wird der Repressor gespalten und inaktiviert. Das 1. Genprodukt, das dann unter der Kontrolle von p_R synthetisiert wird, ist das Cro-Protein. Cro bindet zuerst an o_R3 und schaltet damit die weitere Repressorsynthese ab; später bindet es an o_R1 und o_R2 und senkt damit die Transkription der Gene, die in der frühen Phase während des lytischen Programms aktiv sind.

Die Tatsache, daß diese Merkmale weitverbreitet sind, unterstützt die Annahme, daß es sich hierbei um grundlegende Elemente eines genetischen Schaltermechanismus handelt.

Weiterführende Literatur

Übersichtsartikel

1. Gussin G, Johnson A, Pabo C, Sauer R (1983) Repressor and Cro protein: Structure, function, and role in lysogenization. In: Hendrix RW, Roberts JW, Stahl FW, Weisberg R (eds) Lambda II. Cold Spring Harbor, New York, pp 93–123
2. Johnson AD, Poteete AR, Lauer G, Sauer RT, Ackers GK, Ptashne M (1981) λ repressor and Cro – components of an efficient molecular switch. Nature 294: 217–233
3. Lwoff A (1953) Lysogeny. Bacteriol Rev 17: 269
4. Ptashne M (1984) Repressors. Trends Biochem Sci 9: 142–145
5. Ptashne M, Backman K, Humayun MZ, Jeffrey A, Maurer R, Meyer B, Sauer RT (1976) Autoregulation and function of a repressor in bacteriophage λ. Science 194: 156–161
6. Ptashne M, Gilbert W (1970) Genetic repressors. Sci Am 222: 36–44
7. Ptashne M, Jeffrey A, Johnson AD, Maurer R, Meyer BJ, Pabo CO, Roberts TM, Sauer RT (1980) How the λ repressor and Cro work. Cell 19: 1–11
8. Roberts J, Devoret R (1983) Lysogenic induction. In: Hendrix RW, Roberts JW, Stahl FW, Weisberg R (eds) Lambda II. Cold Spring Harbor, New York, pp 123–145

2 Regulation der Genexpression durch DNA-bindende Proteine

Regulatorproteine wie der λ-Repressor und das Cro-Protein gehen eine enge Bindung mit spezifischen, 15–20 Basenpaare langen DNA-Sequenzen ein. Jedes der Proteine muß seine Operator-Bindungsstelle unter den etwa 5 Mio. Basenpaaren der DNA eines Bakteriums herausfinden. Wie dieses Kunststück vollbracht wird, zeigt uns das folgende Kapitel, das sich mit den Strukturen der Proteine beschäftigt. Wir werden sehen, daß ein einfaches Prinzip dahintersteht: Die Struktur des Proteins ist komplementär zur DNA-Struktur; wenn die DNA-Sequenz stimmt, passen Protein und DNA zusammen wie Schlüssel und Schloß. Schließlich werden wir sehen, daß ein Regulatorprotein durch seine DNA-Bindung die Genexpression negativ wie auch positiv regulieren kann.

2.1 Operatoren

Abb. 2.1 macht das Prinzip deutlich, wie Proteine eine Basensequenz auf der DNA-Doppelhelix erkennen können. Bestimmte Bereiche der Basen sind von den Furchen (der großen und der kleinen Furche) aus zugänglich, die sich auf der Oberfläche der DNA-Doppelhelix befinden. Jedes Basenpaar (*A*:*T*, *T*:*A*, *G*:*C*, *C*:*G*) exponiert ein anderes Muster chemischer Gruppen, die von einem Protein erkannt werden können. Es handelt sich hier übrigens nicht um die chemischen Gruppen, die für die Basenpaarung zuständig sind; diese sind nur zugänglich, wenn die Stränge getrennt vorliegen, also während der DNA-Replikation oder kurzfristig während der Transkription. Wie wir sehen werden, besitzen Repressor und Cro-Protein hervorstehende Domänen, die sich in die große Furche einlagern und die Basensequenz der DNA zu erkennen vermögen.

Jedes Operatorelement, das vom Repressor und von Cro erkannt wird, ist in sich annähernd, aber nicht vollständig symmetrisch. Zum besseren Verständnis wollen wir uns die hochsymmetrische Sequenz in Abb. 2.2 vor Augen halten. Würde dieses DNA-Segment in der Papierebene um 180° gedreht (der eingezeichnete Punkt soll die Drehachse darstellen), so ergäbe sich eine Sequenz, die mit der Ausgangssequenz identisch wäre. Es ist also ein charakteristisches Merkmal dieses Stücks

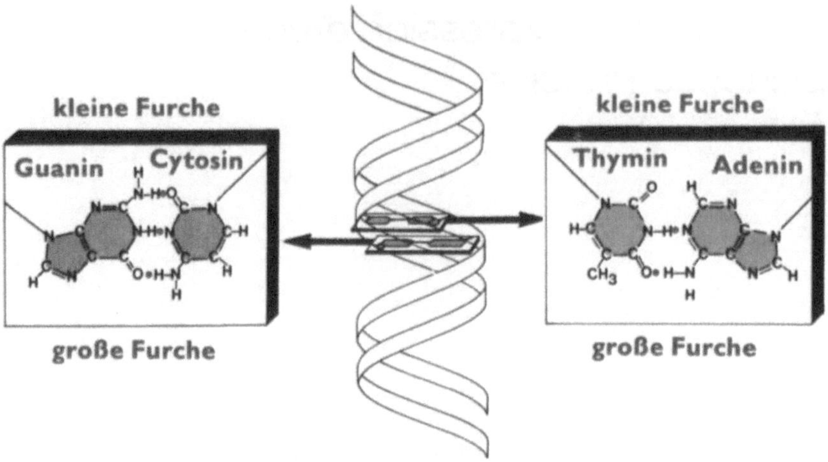

Abb. 2.1. Ein Stück DNA. Wenn wir in die *große* und in die *kleine Furche* der DNA hineinschauen, dann sehen wir, daß man jede Base „von der Seite her" an charakteristischen chemischen Gruppen erkennen kann, die an markanten Stellen des Moleküls liegen. Die DNA muß also nicht entwunden werden, damit ihre Sequenz zu lesen ist

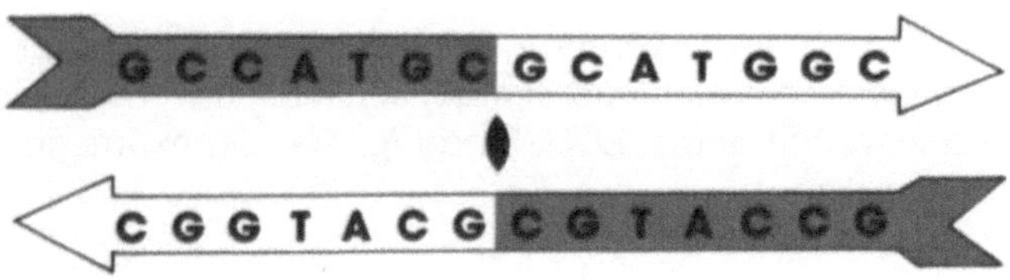

Abb. 2.2. Eine symmetrische DNA-Sequenz. Die Sequenz des *oberen Stranges*, von links nach rechts gelesen, ist dieselbe wie die des *unteren Stranges*, von rechts nach links gelesen. Der schwarze Rhombus gibt die Symmetrieachse an

doppelsträngiger DNA, daß eine Drehung um 180° keine veränderte Sequenz erzeugt.

Die Symmetrie der Sequenz in Abb. 2.2 läßt sich auch anders beschreiben: Versetzen wir uns einmal in das Zentrum einer solchen Bindungsstelle (mit einem Punkt markiert). Wenn wir jetzt nach links und nach rechts schauen, so haben wir in beiden Fällen die gleichen chemischen Gruppen im Blickfeld. Wir sagen, unsere Sequenz besitzt eine 2zählige Rotationssymmetrie. Würde auch nur ein Basenpaar verändert, wäre die Sequenz nicht mehr ganz symmetrisch.

Die Sequenzen, die der λ-Repressor und das Cro-Protein erkennen, sind in Tabelle 2.1 aufgeführt. Es sind 17 Basenpaare lange DNA-Abschnitte; 3 liegen im Bereich des rechten Operators o_R, 3 in dem des linken Operators o_L. Die 6 Elemente unterscheiden sich etwas in ihrer Sequenz, außerdem besitzen sie z. T. unterschiedliche Attraktivität gegenüber dem Repressor und dem Cro-Protein.

Keines dieser Operatorelemente ist perfekt symmetrisch. Wenn wir nur ein einzelnes betrachten, z. B. o_R2, so ist die Symmetrie nicht besonders überzeugend. Spalten wir aber jedes Operatorelement in 2 Hälften und schreiben die Halbsequenzen untereinander, so wird ein deutliches Muster erkennbar (Tabelle 2.2).

Tabelle 2.1. Die 6 Operatorelemente, die vom λ-Repressor und vom Cro-Protein erkannt werden

o_L1	T	A	T	C	A	C	C	G	C	C	A	G	T	G	G	T	A
	A	T	A	G	T	G	G	C	G	G	T	C	A	C	C	A	T
o_R1	T	A	T	C	A	C	C	G	C	C	A	G	A	G	G	T	A
	A	T	A	G	T	G	G	C	G	G	T	C	T	C	C	A	T
o_L2	T	A	T	C	T	C	T	G	G	C	G	G	T	G	T	T	G
	A	T	A	G	A	G	A	C	C	G	C	C	A	C	A	A	C
o_L3	T	A	T	C	A	C	C	G	C	A	G	A	T	G	G	T	T
	A	T	A	G	T	G	G	C	G	T	C	T	A	C	C	A	A
o_R2	T	A	A	C	A	C	C	G	T	G	C	G	T	G	T	T	G
	A	T	T	G	T	G	G	C	A	C	G	C	A	C	A	A	C
o_R3	T	A	T	C	A	C	C	G	C	A	A	G	G	G	A	T	A
	A	T	A	G	T	G	G	C	G	T	T	C	C	C	T	A	T

Die Reihenfolge entspricht den Affinitäten eines dimeren λ-Repressors zu den isolierten einzelnen Bindungsstellen. Das zentrale Basenpaar des Operators, zugleich seine Symmetrieachse, ist jeweils grün markiert.

Tabelle 2.2. Die 12 Halbsequenzen der λ-Operatoren

Operatorelement	Base Nummer								
	1	2	3	4	5	6	7	8	9
o_L1	T	A	T	C	A	C	C	G	C
	T	A	C	C	A	C	T	G	
o_R1	T	A	T	C	A	C	C	G	C
	T	A	C	C	T	C	T	G	
o_L2	T	A	T	C	T	C	T	G	
	C	A	A	C	A	C	C	G	C
o_L3	T	A	T	C	A	C	C	G	C
	A	A	C	C	A	T	C	T	
o_R2	T	A	A	C	A	C	C	G	T
	C	A	A	C	A	C	G	C	
oR_3	T	A	T	C	A	C	C	G	C
	T	A	T	C	C	C	T	T	
Konsensus-Sequenz	T_9	A_{12}	T_6	C_{12}	A_9	C_{11}	C_7	G_9	C_5
	C_2		C_3		T_2	T_1	T_4	T_2	T_1
	A_1		A_3		C_1		G_1	C_1	

Jede der 6 Sequenzen aus Tabelle 2.1 ist hier in Form von 2 Halbsequenzen dargestellt. Für jede Halbsequenz ist nur 1 DNA-Strang angegeben. Die obere Zeile entspricht dem oberen Strang der linken Halbsequenz aus Tabelle 2.1, von links nach rechts gelesen. Die untere Zeile entspricht dem unteren Strang der rechten Halbsequenz aus Tabelle 2.1, von rechts nach links gelesen. Die Basenpositionen innerhalb der Sequenz des Operatorelements werden damit von außen nach innen angegeben. Am unteren Ende der Tabelle ist für jede Position die Häufigkeit ermittelt, mit der die einzelnen Basen auftreten. Bei der mittleren Position 9 wurde jeweils eine der beiden komplementären Basen ausgewählt.

Die Tabelle gibt die Häufigkeit an, mit der die verschiedenen Basen an den einzelnen Positionen vertreten sind. Die Konsensushalbsequenz, in doppelsträngiger Form geschrieben, lautet:

5′ TATCACCGC 3′
3′ ATAGTGGC 5′.

Alle λ-Operatorelemente sind mehr oder weniger mit folgender symmetrischen Sequenz verwandt, bestehend aus 2 Konsensushalbsequenzen mit einer Symmetrieachse, die durch das mittlere Basenpaar verläuft:

5′ TATCACCGCCGGTGATA 3′
3′ ATAGTGGCGGCCACTAT 5′.

Die Basensequenz jedes Operatorelements erzeugt anscheinend ein Muster funktioneller Gruppen, das Repressor und Cro-Protein erkennen können. Weiterhin muß jedes der Proteine in der Lage sein, zwischen den verschiedenen Operatorelementen zu unterscheiden und in der richtigen Reihenfolge, also entsprechend den unterschiedlichen Affinitäten, an sie zu binden (vgl. Kap. 1). Wir wollen uns jetzt mit den Teilstrukturen von Repressor und Cro-Protein beschäftigen, die für die Erkennung dieser Sequenzen wichtig sind.

2.2 Repressor

In der Einführung wurde erwähnt, daß Proteine sich falten und charakteristische Formen annehmen, die von ihren Aminosäuresequenzen bestimmt werden. Obwohl verschiedene Aminosäuresequenzen normalerweise zu verschiedenen Gesamtstrukturen führen, gibt es bestimmte strukturelle Motive, die sich bei vielen Proteinen finden lassen. Ein solches verbreitetes Motiv ist die *α-Helix.*

Die α-Helix entsteht durch spiralige Windung einer einzelnen Aminosäurekette (Abb. 2.3). Im Unterschied zu der DNA-Doppelhelix liegt bei der Protein-α-Helix das Rückgrat im Innern, und die charakteristischen Gruppen, die Seitenketten der einzelnen Aminosäuren, stehen nach außen.

Abb. 2.4 zeigt, wie sich eine α-Helix exakt in die große Furche der DNA einpaßt. Die funktionellen Gruppen auf der Oberfläche der α-Helix sind so angeordnet, daß sie bestimmte Molekülstrukturen berühren können, die sich an den zugänglichen Teilen der Basenpaare befinden.

Um zu verstehen, wie der λ-Repressor seinen Operator mit Hilfe einer α-Helix erkennt, müssen wir die Struktur des Repressors etwas genauer beschreiben, als es unser Hantelmodell aus Kap. 1 vermag. Die Aminodomäne des Repressors faltet sich zu 5 hintereinanderliegenden α-helikalen Abschnitten (Abb. 2.5); die genaue Struktur des restlichen Moleküls ist nicht bekannt. *α-Helix 3* liegt in exponierter

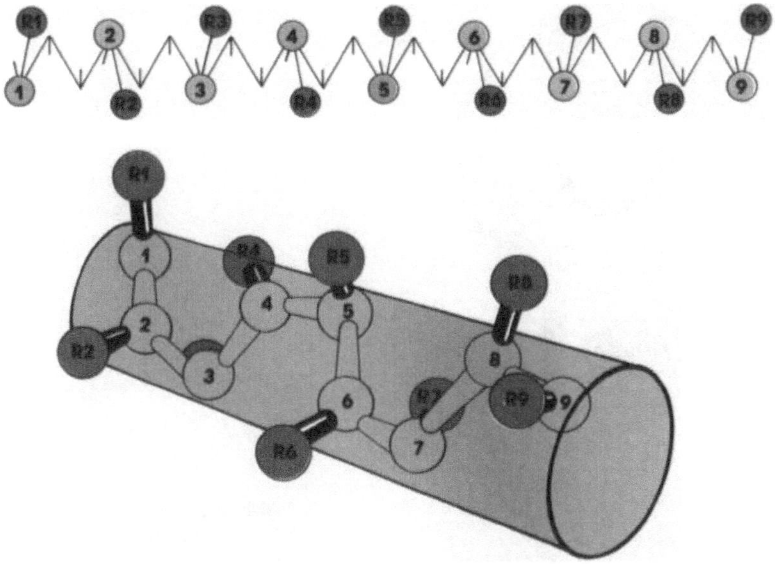

Abb. 2.3. Aminosäurekette in gestreckter Darstellung und in der Form der α-Helix. Jede der 20 verschiedenen Aminosäuren trägt eine andere Seitenkette (R_1, R_2 usw.). Nimmt eine Aminosäurekette die Konformation der α-Helix an, so ragen die Seitenketten aus der Spirale (hier als Zylinder dargestellt) heraus. Eine Windung der α-Helix entspricht 3,6 Aminosäuren

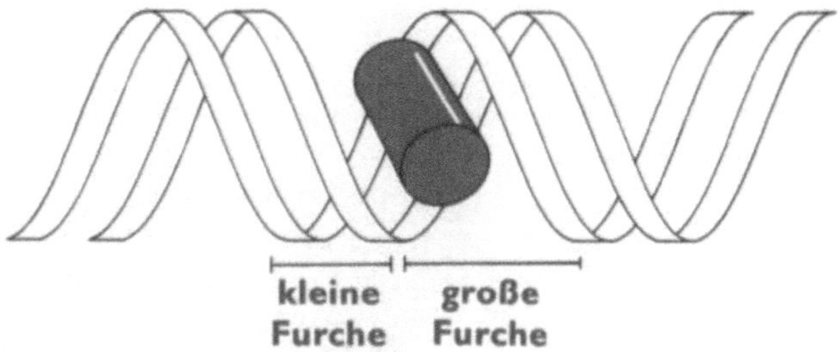

Abb. 2.4. Eine α-helikale Aminosäurekette, eingepaßt in die *große Furche* der DNA. Man muß sich vorstellen, daß die aus der α-Helix herausragenden Seitenketten (nicht dargestellt) bis tief in die *große Furche* hineinreichen.

Lage entlang der Oberfläche des Moleküls; aufgrund ihrer Funktion wollen wir sie als *Erkennungshelix* des Repressors bezeichnen.

Im Repressordimer besitzen die Erkennungshelices der beiden Monomere denselben Abstand wie 2 übereinanderliegende Segmente der großen Furche im Abstand einer DNA-Windung. Wenn das Proteindimer an die DNA bindet, passen deshalb die 2 Erkennungshelices genau in die beiden Windungen der großen Furche (Abb. 2.6): Bei der Bindung des Dimers an den Operator sind die Symmetrie des Proteins und die Symmetrie der DNA einander angepaßt.

Außer der Erkennungshelix ist in Abb. 2.5 und Abb. 2.6 noch eine weitere α-Helix (*Helix 2*) hervorgehoben. Diese α-Helix legt sich nicht in die große Furche, sondern quer darüber (Abb. 2.7); sie hilft der Helix 3, sich genau in die große Furche einzupassen. Wie wir noch sehen werden, benutzen viele Regulatorproteine ein ähnliches Paar von α-Helices für ihre DNA-Bindung.

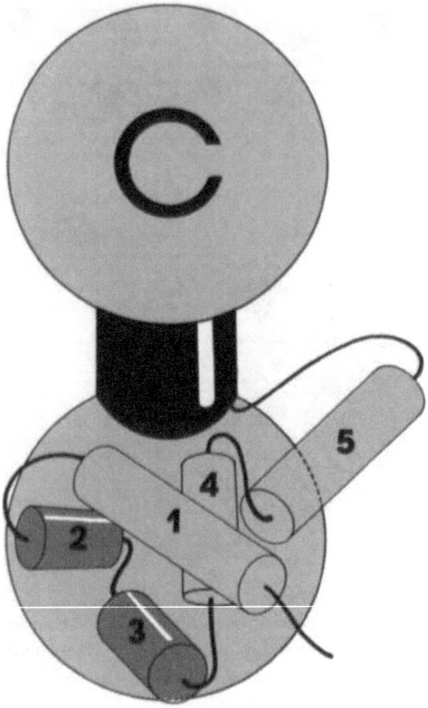

Abb. 2.5. Der λ-Repressor. Zwischen den 5 α-Helices, die zur Aminodomäne des Repressors gehören, befinden sich nichthelikale Abschnitte der Aminosäurekette. Helix 1 liegt sehr nahe am Aminoterminus des Proteins. Die Strukturen der Carboxyldomäne *(C)* und des Verbindungsstücks zwischen den beiden Domänen sind nicht bekannt

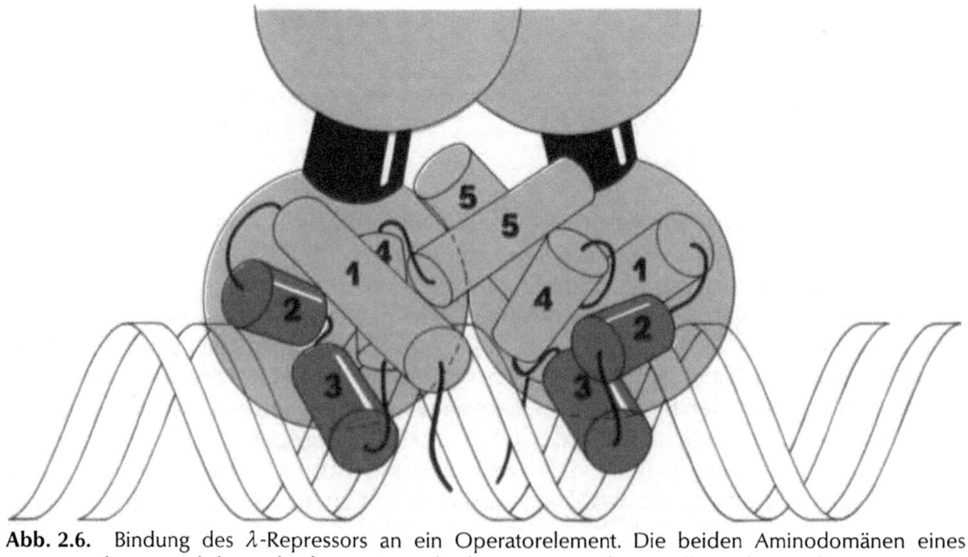

Abb. 2.6. Bindung des λ-Repressors an ein Operatorelement. Die beiden Aminodomänen eines Repressordimers und der 17 bp lange DNA-Abschnitt einer Bindungsstelle sind einander genau angepaßt

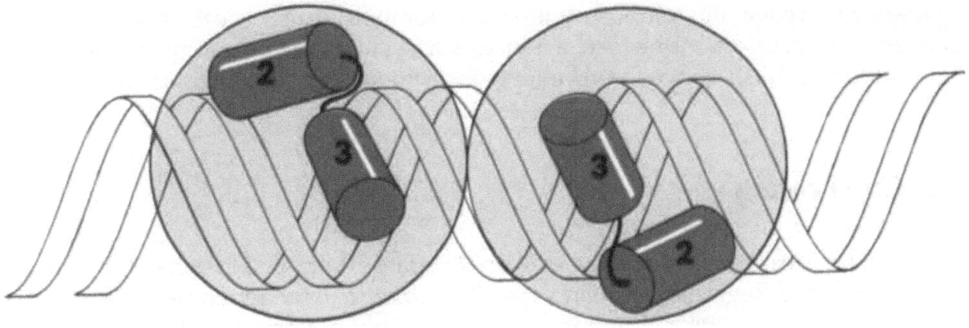

Abb. 2.7. Zwei bihelikale Erkennungseinheiten an einer Bindungsstelle. Bei der Bindung an ein Operatorelement sind die beiden Helixpaare zueinander symmetrisch angeordnet

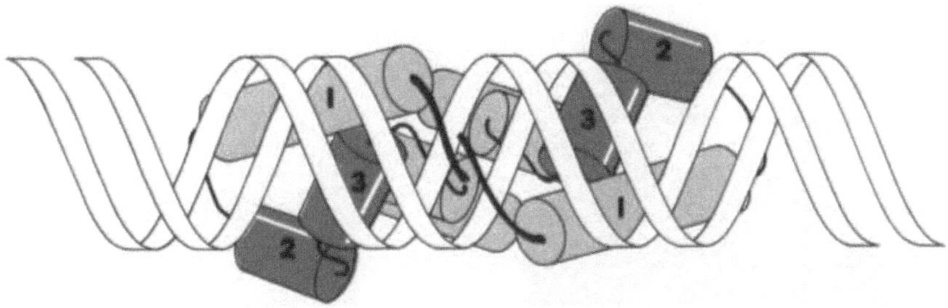

Abb. 2.8. Die Arme des λ-Repressors. Am Beginn von α-Helix 1 hängt eine Kette von 7 Aminosäuren. Diese greift um die DNA herum und stellt auf ihrer Rückseite Kontakte zu Basen her, die ungefähr in der Mitte der symmetrischen Operator-Bindungsstelle liegen. Man beachte, daß im Vergleich zu der vorangehenden Abbildung die DNA nun von der „Rückseite" her zu sehen ist

Damit überblicken wir im Prinzip, wie der Repressor selektiv an seinen Operator binden kann. Das Protein geht nur dann eine feste Bindung ein, wenn bestimmte Strukturen genau zusammenpassen: beim Repressor die Seitenketten der Aminosäuren im Bereich der Erkennungshelix (α-Helix 3), auf seiten der DNA einige markante funktionelle Gruppen in der großen Furche. Um die Bedeutung der Symmetrie für die Bindung zu verstehen, wollen wir einmal in einen solchen Repressor-Operator-Bindungskomplex hineinschauen:

Betrachten wir jeweils die Helix 3 der beiden beteiligten Repressormonomere und blicken dabei vom Aminoende der Helix in Richtung auf ihr Carboxylende, also zur Helix 4 hin. Es ergibt sich dann in beiden Fällen die gleiche Abfolge von Protein-DNA-Wechselwirkungen (oder vielmehr fast die gleiche Abfolge, da keine der Bindungsstellen eine wirklich perfekt symmetrische Sequenz besitzt).

Der λ-Repressor dringt nicht nur mit seiner Erkennungshelix in die DNA ein, sondern er umschlingt sie auch noch mit 2 beweglichen *Armen*, den Aminoenden der beiden Monomere. Wenn das Protein an den Operator bindet, legen sich diese Arme um die DNA und gehen auf der Rückseite der DNA spezifische Kontakte ein, und zwar ebenfalls in der großen Furche (Abb. 2.8). – Erkennungshelices werden von vielen Regulatorproteinen zur Identifizierung spezifischer Basensequenzen benutzt; die Arme des λ-Repressors sind dagegen möglicherweise ein Beispiel für ein nicht so weit verbreitetes Instrument der Sequenzerkennung.

2.3 Cro-Protein

Die Struktur des Cro-Proteins ist in Abb. 2.9 dargestellt. Cro besitzt 3 α-Helices und zusätzlich 3 Regionen, die eine sog. *β-Faltblattstruktur* annehmen – ein weiteres Strukturelement vieler Proteine. In unseren Abbildungen sind β-Faltblattstrukturen durch flache Pfeile markiert, im Unterschied zu den zylinderförmig dargestellten α-Helices.

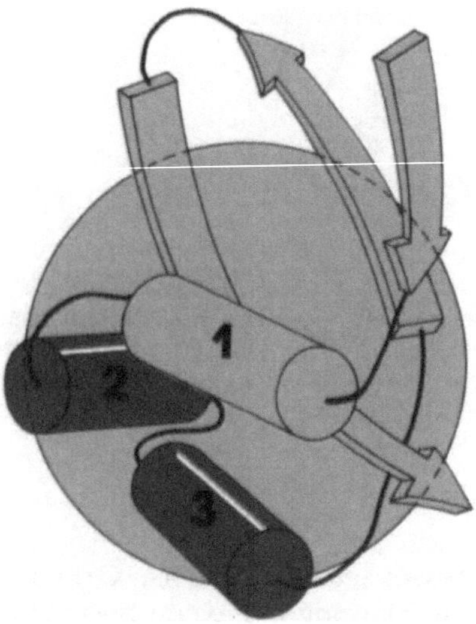

Abb. 2.9. Das Cro-Protein. Die Struktur des Cro-Proteins besteht aus 3 α-Helices und 3 Abschnitten mit β-Faltblattstruktur (durch flache *Pfeile* dargestellt)

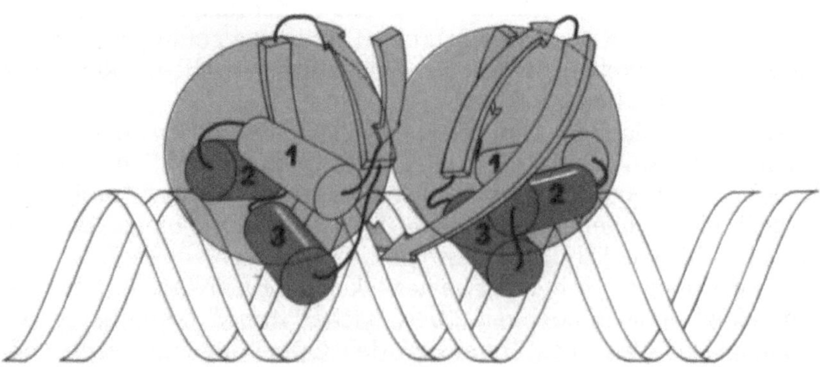

Abb. 2.10. Bindung des Cro-Proteins an ein Operatorelement. Ähnlich wie der Repressor lagert sich Cro in dimerer Form an die DNA an

Beim Cro-Protein wie beim Repressor bildet Helix 3 die Erkennungshelix. Die relative räumliche Anordnung der α-Helices 2 und 3 ist bei beiden Proteinen praktisch gleich. Es ist bemerkenswert, daß sich in den beiden unterschiedlichen Proteinen an vergleichbarer Stelle ein solches Helixpaar befindet. Die beiden Erkennungshelices des Cro-Dimers besitzen eine ähnliche Symmetrie wie die des Repressordimers und passen ebenfalls in 2 übereinanderliegende Segmente der großen Furche (Abb. 2.10).

2.4 Wechselwirkungen zwischen Aminosäuren und Basenpaaren

Die Sequenzen der Aminosäuren, die die Erkennungshelices von Repressor und Cro bilden, sind zum großen Teil unterschiedlich (Abb. 2.11). Das ist auch nicht verwunderlich: In beiden Fällen paßt die eine Seite der α-Helix, sozusagen die *Innenseite*, zum Proteinkörper und die andere, die *Außenseite*, in die große Furche der DNA, wo sie die spezifischen Kontakte herstellt. Die Innenseiten der Erkennungshelices unterscheiden sich, weil sie mit unterschiedlichen Proteinkörpern in Wechselwirkung stehen, mit dem Repressor und mit dem Cro-Protein. Auf den Außenseiten der Erkennungshelices sind die Aminosäuren ähnlich, aber nicht identisch: Repressor und Cro-Protein binden zwar an dieselben Operatorelemente, aber mit unterschiedlicher Affinität.

Abb. 2.11 zeigt auch das Bindungsmuster zwischen Aminosäuren der Repressor- bzw. Cro-Erkennungshelix und bestimmten Basen in den Halbsequenzen zweier verschiedener Operatorelemente. Das Schema gibt eine mögliche Erklärung, wie Repressor und Cro-Protein dieselben Operator-Bindungsstellen erkennen und trotzdem zwischen ihnen unterscheiden können, warum der Repressor also o_R1 gegenüber o_R3 bevorzugt und Cro o_R3 gegenüber o_R1.

Beide Erkennungshelices beginnen mit den Aminosäuren Glutamin-Serin (Gln-Ser) und weichen dann in ihrer Sequenz voneinander ab. Die beiden Proteine benutzen Gln und Ser an Position 1 und 2, um Kontakt zu den Operatorpositionen 2 und 4 aufzunehmen. Das sind aber genau die beiden Stellen, die bei den Halbsequenzen aller λ-Operator-Bindungsstellen unverändert sind (Tabelle 2.2). Repressor und Cro-Protein treten also über 2 gleiche Aminosäuren mit den beiden Basen in Kontakt, die bei allen Bindungsstellen des λ-Operators identisch sind. – Die anderen Aminosäuren in den beiden Erkennungshelices versetzen die 2 Proteine in die Lage, zwischen den einzelnen Operatorelementen zu unterscheiden. Im Repressor nimmt z.B. Alanin (Ala) Kontakt zu Position 5 auf, während im Cro-Protein Asparagin (Asn) und Lysin (Lys) Position 3 bzw. 5 berühren. Außerdem steht Cro über einen Lysinrest mit Position 6 in Kontakt. An all diesen Stellen weichen die Halbsequenzen der beiden Operatorelemente in Abb. 2.11 voneinander ab. Auch der Arm des λ-Repressors, der mit den Operatorpositionen 8 und 9 Verbindung aufnimmt, hilft dem Repressor, zwischen den Erkennungsstellen zu unterscheiden.

Ein solcher Kontakt zwischen Aminosäure und Base, wie er in Abb. 2.11 angedeutet ist, wird in Abb. 2.12 genauer beschrieben. Glutamin geht hier 2 Bindungen

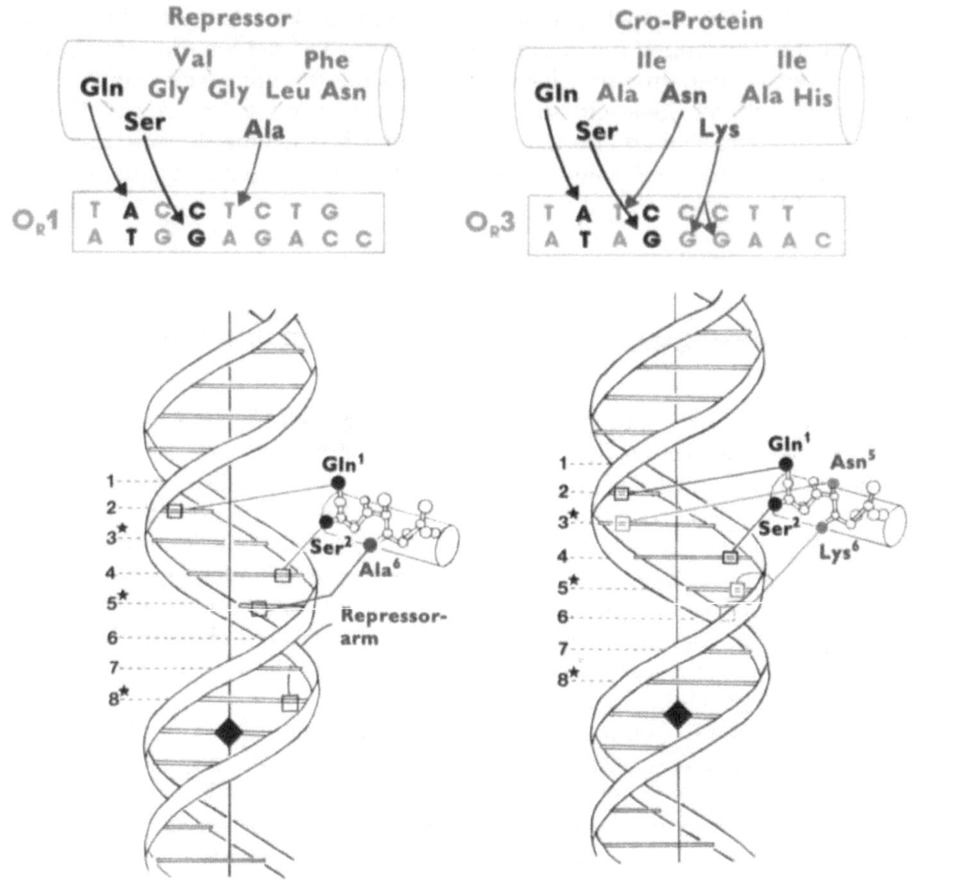

Abb. 2.11. Wechselwirkungen zwischen Aminosäuren und Basenpaaren im Operatorbereich. Anordnung und Numerierung der Aminosäuren sind aus Abb. 2.3 übernommen.

Bei den Erkennungshelices von Repressor und Cro-Protein weisen die Seitenketten (in Abb. 2.3 mit *R* bezeichnet) der Aminosäuren 1, 2, 5 und 6 zur DNA hin, die der Aminosäuren 4 und 7 zum Innern des Proteins. Beide Proteine stellen über konservierte Aminosäuren in ihren Erkennungshelices (Gln und Ser an Position 1 und 2) den Kontakt zu ebenfalls konservierten Basenpaaren im Operator her (Position 2 und 4). Mit Operatorposition 3 nimmt der Repressor keinen Kontakt auf; das Cro-Protein bevorzugt an dieser Stelle ein *T:A*- gegenüber einem *C:G*-Basenpaar. An Position 5 mag der Repressor lieber ein *T:A* als ein *C:G*, für Cro gilt das Umgekehrte. An Position 8 zieht der Arm des Repressors (nicht dargestellt) ein *C:G* einem *T:A* vor. – Diese Beschreibung ist wahrscheinlich nicht vollständig; beispielsweise kann noch eine Aminosäure des Repressors, die außerhalb von Helix 3 liegt, mit Operatorposition 6 in Kontakt treten.

Im oberen Teil der Abbildung sind die beiden Operator-Bindungsstellen jeweils als Halbsequenz dargestellt. Die andere Halbsequenz entspricht in beiden Fällen der Konsensussequenz nach Tabelle 2.2. Der untere Teil der Abbildung zeigt den „aufgeklappten" Komplex aus Erkennungshelix und *großer DNA-Furche* in räumlicher Darstellung; eingezeichnet sind die Kontakte zwischen herausragenden Aminosäureseitenketten und den entsprechenden Basen. Die 3 Basenpaare, in denen sich o_R1 und o_R3 unterscheiden, sind mit Sternchen markiert. Das Quadrat bezeichnet das Symmetriezentrum des Operators.

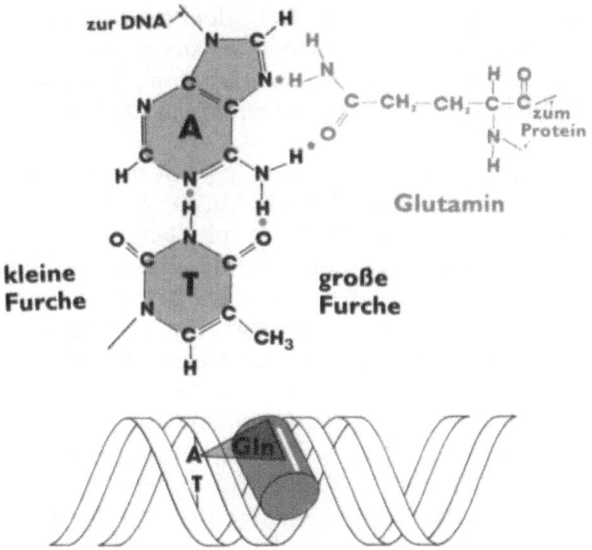

Abb. 2.12. Kontakt zwischen einer Aminosäure und einem Basenpaar. Dargestellt ist der Kontakt zwischen der Aminosäure Glutamin und der Base Adenin in der *großen Furche*. Es bilden sich 2 Wasserstoffbrücken zwischen der Seitenkette der Aminosäure und geeigneten Gruppen der Base aus

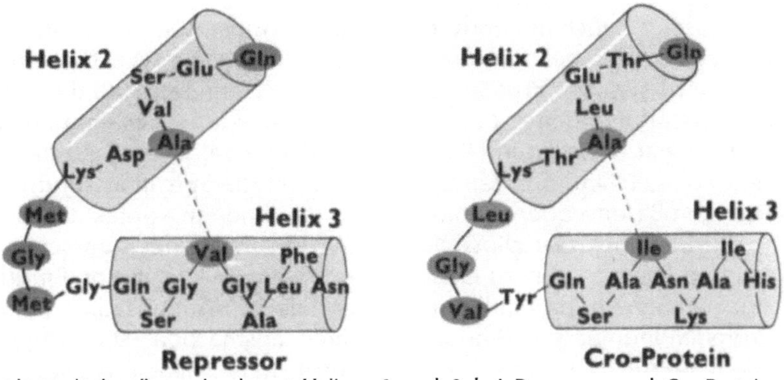

Abb. 2.13. Konservierte Aminosäuren in den α-Helices 2 und 3 bei Repressor und Cro-Protein. Repressor und Cro besitzen jeweils 1 Aminosäure in Helix 2, die mit einer anderen in Helix 3 in Wechselwirkung tritt; beim Repressor sind das Alanin (Ala) und Valin (Val), bei Cro Alanin und Isoleucin (Ile). Die Bindungen zwischen diesen Aminosäuren helfen, die beiden Helices in die richtige Lage zu bringen. Die *eingekreisten* Aminosäuren in dem gestreckten Verbindungsstück zwischen den Helices haben ebenfalls diese Aufgabe. Die Seitenkette von Methionin (Met) besitzt ähnliche chemische Eigenschaften wie die von Leucin (Leu) und Valin (Val)

mit der Base Adenin (*A*) ein, und zwar mit chemischen Gruppen, die von der großen Furche aus zugänglich sind.

Abb. 2.13 zeigt die Aminosäuren, die sich an vergleichbaren Positionen der Helixpaare von Repressor und Cro-Protein befinden und gleich oder zumindest chemisch ähnlich sind. Bei diesen „konservierten" Aminosäuren handelt es sich nicht um diejenigen, die für die Erkennung spezifischer Sequenzen zuständig sind. Auf den beiden Helices befindet sich jeweils eine (in der Abbildung durch eine gestrichelte Linie verbunden), 3 liegen im Bogen dazwischen. Diese Aminosäuren dienen augenscheinlich dazu, den Winkel zwischen den beiden Helices konstant zu halten. Eine 6. konservierte Aminosäure findet sich am Aminoterminus von Helix 2. Sie stellt den Kontakt zu einer Phosphatgruppe in der DNA her und hilft dadurch mit, das Helixpaar richtig auf der DNA zu plazieren.

Viele gesichert oder mutmaßlich spezifisch DNA-bindende Proteine aus zahlreichen Organismen weisen ein Muster an konservierten Aminosäuren auf, das identisch oder eng verwandt ist mit dem des λ-Repressors und des Cro-Proteins. Außer bei diesen beiden Proteinen hat sich auch in vielen anderen Fällen das Aminosäuremuster als diagnostisches Kriterium zum Auffinden von Helixpaaren mit einer Erkennungshelix bewährt. Die wichtigen Homologien sind nicht über den gesamten Bereich der beiden Helices verteilt; vielmehr beschränken sie sich auf einzelne Aminosäurepositionen, die wahrscheinlich die relative räumliche Anordnung der helikalen Bereiche zueinander festlegen.

λ-Repressor und Cro-Protein binden sehr fest an ihre Operatoren; wir werden darauf auch noch in Kap. 4 und Anhang 1 zurückkommen. In unserer bisherigen Diskussion haben wir uns besonders mit den Faktoren beschäftigt, die für die Spezifität der Bindung von Bedeutung sind. Der Schwerpunkt lag auf den spezifischen Wechselwirkungen, die sich ausbilden zwischen funktionellen Gruppen der DNA und bestimmten Aminosäuren in der Erkennungshelix bzw. – im Falle des λ-Repressors – auch am Ende des flexiblen Arms. Aber ein weiterer, wahrscheinlich der größte Teil der Bindungsenergie resultiert aus Wechselwirkungen zwischen anderen Teilen des Proteins und der DNA. Wenn sich z. B. der λ-Repressor an seinen Operator anheftet, dann entstehen Kontakte zu bestimmten Phosphatgruppen im Rückgrat der beiden DNA-Stränge (Abb. 2.14). Diese und andere starke Wechselwirkungen sind nur dann möglich, wenn die Spezifitätssonden des Proteins die richtigen Basensequenzen finden und mit ihnen in Kontakt treten.

Wir beginnen erst allmählich, die Wechselwirkungen zwischen Aminosäureketten und Basenpaaren zu entschlüsseln, die eine spezifische Bindung ermöglichen. Wir nehmen an, daß i. allg. nicht mehr als 3–4 Aminosäuren auf einem einzelnen Proteinmonomer die Bindungsspezifität ausmachen. Die Frage ist nun, ob die Erkennungshelix sich der DNA immer in der gleichen Weise präsentiert, so daß Aminosäuren an bestimmten Positionen in Kontakt treten können mit Basen, die an

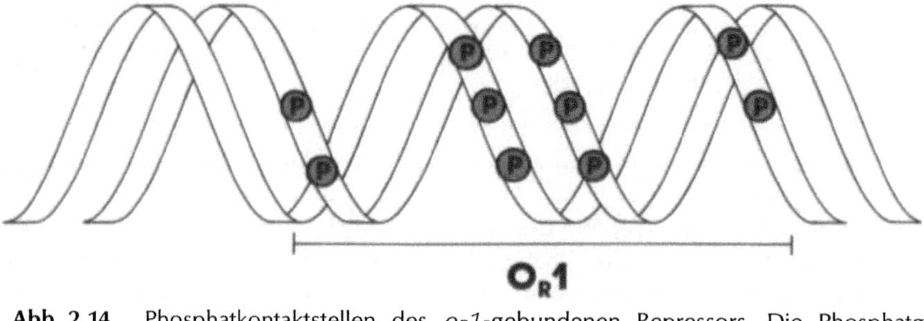

Abb. 2.14. Phosphatkontaktstellen des o_R1-gebundenen Repressors. Die Phosphatgruppen, mit denen der Repressor in Kontakt tritt, liegen sämtlich auf einer Seite der DNA-Doppelhelix und symmetrisch zu einer 2zähligen Drehachse, die durch den Mittelpunkt des Operatorelements verläuft. Cro hat nur zu einigen dieser Phosphatgruppen Kontakt

definierter Stelle im Operator liegen. Gibt es ein einfaches Modell, das die Bindungen zwischen Aminosäuren und Basenpaaren beschreibt?

Wir haben bisher die DNA mit einem starren Stab verglichen; das ist eine starke Vereinfachung. Wir wissen beispielsweise, daß die Parameter, die die genaue Struktur einer DNA-Helix bestimmen, z.T. von der Sequenz abhängen. Haben solche sequenzabhängigen strukturellen Eigenschaften einen nennenswerten Einfluß auf das Zustandekommen von Protein-DNA-Kontakten? Wahrscheinlich besitzen auch Basen, die nicht direkt mit einem gebundenen Protein in Kontakt stehen, Einfluß auf die Bindung, nämlich dann, wenn sie z.B. leichte lokale Änderungen in der Struktur oder der Beweglichkeit der DNA bewirken. Bis jetzt wissen wir noch nicht, welche Bedeutung solche Faktoren haben.

2.5 Promotoren

Das *E. coli*-Enzym RNA-Polymerase erkennt die Promotoren am Beginn vieler verschiedener Gene. Wie in der Einführung erwähnt, umfaßt ein Promotor ungefähr 60 Basenpaare, darunter die ersten 20 stromabwärts vom Beginn der Transkription, in Wanderungsrichtung der Polymerase gesehen. Im allgemeinen sind keine 2 Promotorsequenzen identisch, aber alle Promotoren besitzen 2 charakteristische Sequenzblöcke: einen Sequenzblock mit dem Zentrum etwa 10 Basenpaare vor dem Startpunkt der RNA und einen weiteren etwa 35 Basenpaare stromaufwärts vom Start. Man hat sich geeinigt, dem 1. Nukleotid, das in RNA überschrieben wird, also dem Beginn der RNA, die Nummer (+1) zu geben. Die beiden konservierten Promotorsequenzen liegen folglich mit ihren Zentren an den Positionen (−10) und (−35).

Durch den Vergleich vieler Sequenzen können wir eine Konsensuspromotorsequenz ableiten. Sie enthält 2 Sequenzblöcke, die in Abb. 2.15 zu sehen sind. Jeder beliebige Promotor weist an diesen Stellen eine Sequenz auf, die mehr oder weniger mit den konservierten Elementen verwandt ist.

Die Stellen des Promotors, mit denen die Polymerase in Kontakt tritt, befinden sich auf derselben Seite der Helix, und zwar zwischen den Positionen (−10) und (−40). Zwischen (−10) und (+1) wird die DNA in ihre Einzelstränge aufgetrennt, so daß einer der Stränge in mRNA überschrieben werden kann. Die strukturellen

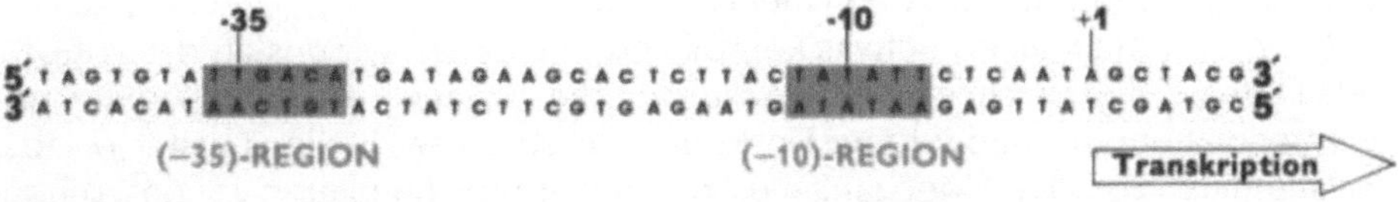

Abb. 2.15. Konsensussequenz eines Promotors. Die von diesem Promotor aus gestartete Transkription ist nach rechts gerichtet. Position *(+1)* kennzeichnet die 1. transkribierte Base; *(−10)* und *(−35)* bezeichnen Basen stromaufwärts vom Startpunkt der Transkription. Die konservierte Sequenz bei *(−10)* wird manchmal als *TATA-Sequenz* oder *TATA-Box* bezeichnet. Der Abstand zwischen den konservierten Sequenzelementen, also zwischen der TATA-Sequenz und der *(−35)*-Sequenz, variiert in verschiedenen Promotoren zwischen 15 bp und 18 bp mit dem Optimum bei 17 bp

Tabelle 2.3. Promotorsequenzen von λ im Vergleich mit einer Konsensuspromotorsequenz. Die Abweichungen sind grün markiert

	−35							−10					
Konsensus	T	T	G	A	C	A	−17bp−	T	A	T	A	A	T
λp_{RM}	T	A	G	A	T	A	−17bp−	T	A	G	A	T	T
λp_R	T	T	G	A	C	T	−17bp−	G	A	T	A	A	T

Eigenschaften der Polymerase, die es ihr ermöglichen, selektiv an Promotoren zu binden, sind unbekannt.

Stimmt ein Promotor in der (−35)- und in der (−10)-Region mit der Konsensussequenz gut überein, so wird er i.allg. auch gut funktionieren. Weicht die Sequenz aber stark von der Konsensussequenz ab, so ist normalerweise ein Aktivatorprotein nötig, das der Polymerase hilft, an die DNA zu binden und die Transkription effizient zu beginnen.

Tabelle 2.3 vergleicht die Konsensuspromotorsequenz mit den tatsächlichen Sequenzen der Promotoren p_R und p_{RM}. Die p_R-Sequenz zeigt eine größere Übereinstimmung in den Regionen um (−35) und (−10) als die p_{RM}-Sequenz. Das mag der Grund dafür sein, daß die RNA-Polymerase ohne Unterstützung eines Regulatorproteins effizient an p_R binden und die Transkription starten kann, daß sie aber ein Hilfsprotein benötigt – den an o_R2 gebundenen λ-Repressor –, um wirksam die p_{RM}-abhängige Transkription beginnen zu können.

2.6 Genregulation

Wir verstehen nun, wie aufgrund der spezifischen Anordnung von Promotor- und Operatorsequenzen Repressor und Cro-Protein ihre beschriebene Wirkung entfalten können (s. Kap. 1). Weiterhin besitzen wir jetzt eine genauere Vorstellung von den Komplexen, die diese Proteine mit dem Operator bilden.

Abb. 2.16 zeigt die Nukleotidsequenz des DNA-Abschnittes vom *cI*-Gen bis zum *cro*-Gen. Man sieht, wie Promotor- und Operatorsequenzen sich überlappen, ja miteinander verflochten sind (vgl. auch Abb. 1.4). In Kap. 1 wurde deutlich (Abb. 1.13), daß die RNA-Polymerase nicht an p_R binden kann, solange o_R1 vom Repressor oder vom Cro-Protein besetzt ist. Beide Proteine decken durch ihre DNA-Bindung einen Bereich auf der Doppelhelix ab, zu dem die RNA-Polymerase Zugang haben muß. Für o_R3 gilt dieselbe Regel: Beide Regulatorproteine verhindern die Bindung der RNA-Polymerase an p_{RM}.

Bei o_R2 ist die Situation etwas komplizierter. Erinnern wir uns an das vorige Kapitel: Die o_R2-Bindungsstelle ist sowohl für die negative als auch für die positive Genregulation von Bedeutung. Ein Repressor an dieser Stelle schaltet p_R ab, aber er stimuliert p_{RM}. Der Mechanismus der negativen Regulation ist uns schon vertraut: Ein o_R2-gebundener Repressor verdeckt Sequenzen im Bereich des p_R-Promotors, die für die Polymerase bei der Bindung zugänglich sein müssen. Der verdeckte Teil des Promotors ist jetzt zwar kleiner als bei einem o_R1-gebundenen Repressor, aber auch diese geringe Behinderung der Polymerase reicht noch aus, um eine Repression zu bewirken.

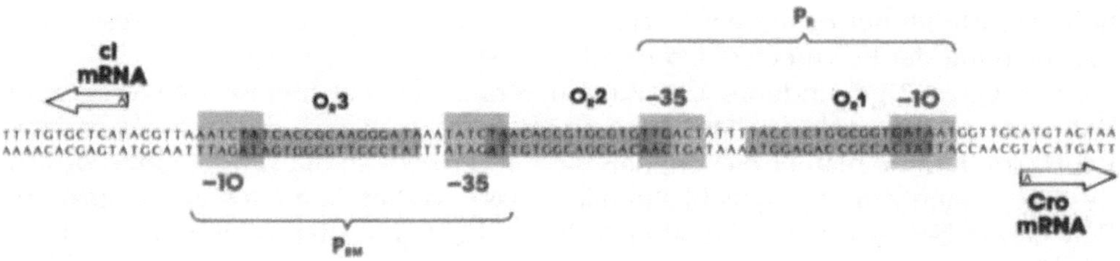

Abb. 2.16. Üüberlappung von Promotor- und Operatorsequenzen im Bereich von o_R. In der Region zwischen dem *cI*- und dem *cro*-Gen erfüllen einige Basenpaare doppelte Funktion. Zum Beispiel bilden 3 Basenpaare von o_R2 einen Teil der (-35)-Region von p_R

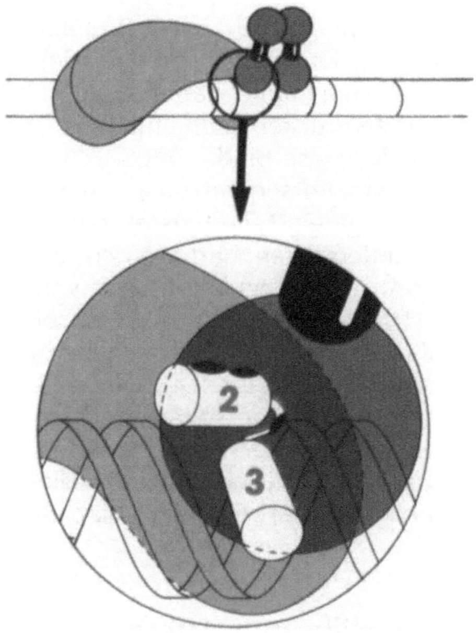

Abb. 2.17. Der λ-Repressor als Transkriptionsaktivator. Die Aminosäuren des Repressors, die mit der Polymerase in Wechselwirkung treten und so eine positive Regulationswirkung ausüben können, liegen im Bereich von Helix 2 und im Knick zwischen Helix 2 und Helix 3

Wieso stimuliert nun der o_R2-gebundene Repressor die p_{RM}-Aktivität? Abb. 2.16 zeigt, daß o_R2 um 1 Basenpaar näher bei p_R liegt als bei p_{RM}, jeweils vom Startpunkt der Transkription aus gerechnet. Dieser kleine Unterschied hat zur Folge, daß ein o_R2-gebundener Repressor nicht bis in die p_{RM}-Bindungsregion hineinreicht. Er liegt vielmehr direkt neben der RNA-Polymerase und berührt sie bei ihrer Bindung an p_{RM}. Wie wir schon in Kap. 1 erfahren haben, ist es dieser Kontakt, der der Polymerase hilft, an die DNA zu binden und die Transkription zu starten (vgl. Abb. 1.12).

Der Bereich des Repressors, der den Kontakt zur Polymerase herstellt und dadurch die positive Genregulation ermöglicht, ist in Abb. 2.17 genauer dargestellt. Die Aminosäuren an dieser Stelle besitzen eine bestimmte räumliche Struktur, die die Aktivierung der Polymerase ermöglicht; tauscht man diese Aminosäuren gegen andere aus, dann kann der Repressor zwar noch an o_R2 binden, aber p_{RM} nicht mehr stimulieren. Läge o_R2 um 1 Basenpaar näher an p_{RM} – eine Situation, wie wir sie bei p_R finden – , dann würde der o_R2-gebundene Repressor die p_{RM}-Bindung der Polymerase unterbinden, anstatt sie zu unterstützen.

Auch ein o_R2-gebundenes Cro-Protein verlegt der Polymerase den Weg zum Promotor p_R. Es verdeckt denselben Promotorbereich wie der o_R2-gebundene Repressor. Könnte man erreichen, daß das Cro-Protein an o_R2 bindet, ohne o_R3 zu besetzen, dann würde p_{RM} nicht stimuliert: Das Cro-Protein hätte zwar Kontakt zur Polymerase bei p_{RM}, es besäße aber nicht die richtigen Aminosäuren an der Kontaktfläche, um die Polymerase aktivieren zu können.

Die Betrachtung von Operator- und Promotorsequenzen nur in der linearen Darstellung kann irreführend sein. Nach Abb. 2.16 scheint z. B. die o_R2-Bindungsstelle sowohl mit p_R als auch mit p_{RM} zu überlappen, so daß ein o_R2-gebundener Repressor beide Promotoren reprimieren sollte. Erst die 3dimensionale Betrachtung macht deutlich, daß 2 Proteine einander überlappende Sequenzen erkennen, aber trotzdem an verschiedene Seiten der Helixoberfläche binden können.

In diesem Kapitel haben wir gesehen, daß ein Protein die Aktivität eines Promotors unterdrücken kann, indem es einen Teil des DNA-Abschnitts verdeckt, an den die Polymerase binden muß. Es gibt viele verschiedene Möglichkeiten, Operator- und Promotorsequenzen so anzuordnen, daß der Promotor reprimiert werden kann; in jedem Falle müssen dabei die Proteinbindungsbereiche überlappen, also ineinandergreifen, und zwar so, daß sie in ihrer Funktion erhalten bleiben.

Positive Genregulation setzt voraus, daß Regulatorprotein und Polymerase auf der DNA miteinander in Wechselwirkung treten können. Das Regulatorprotein muß dazu auf seiner Oberfläche im Bereich der Kontaktzone zur Polymerase die richtigen Aminosäuren aufweisen. Die beiden Funktionen *DNA-Bindung* und *positive Genregulation* sollten deutlich voneinander unterschieden werden, entsprechen sie doch auch 2 verschiedenen Bereichen auf der Oberfläche des Proteins; selbst wenn Cro und Repressor dieselbe Bindungsstelle erkennen, so vermag doch nur eines dieser beiden Proteine eine Stimulation der Genexpression auszuüben.

Weiterführende Literatur

Übersichtsartikel

1. Hawley DK, McClure WR (1983) Compilation and analysis of Escherichia coli promoter DNA sequences. Nucleic Acids Res 11: 2237–2255
2. Maniatis T, Ptashne M (1976) A DNA operator-repressor system. Sci Am 234: 64–76
3. Pabo CO, Sauer RT (1984) Protein-DNA recognition. Annu Rev Biochem 53: 293–321
4. Ptashne M, Johnson AD, Pabo CO (1982) A genetic switch in a bacterial virus. Sci Am 247: 128–140
5. Siebenlist U, Simpson RB, Gilbert W (1980) Escherichia coli RNA polymerase interacts homologously with two different promoters. Cell 20: 269–281

3 Schalter und Regelkreise

Viele Viren kennen nur eine einzige Art der Vermehrung: Schon kurze Zeit nach der Infektion einer Wirtszelle beginnt eine heftige Aktivität der Virusgene, und es werden neue Proteine hergestellt, die die viralen Chromosomen ausgiebig replizieren, sie in neue Viruspartikel verpacken und die Zelle zur Lyse bringen.

Wie wir gesehen haben, kann sich auch der λ-Phage auf diese lytische Art vermehren; ihm steht aber auch noch ein anderer, subtilerer Weg offen: In einem lysogenen Bakterium sind die Phagengene abgeschaltet, die für die lytische Phagenvermehrung benötigt werden, und das Phagenchromosom wird von Proteinen, die vom Bakterium kodiert und synthetisiert werden, passiv repliziert. Wenn wir den Vergleich aus Kap. 1 heranziehen, dann können wir sagen, daß das zentrale Element der λ-Regulation, der Schalter, sich jetzt in einer Stellung befindet, in der ein einzelnes Phagenprotein dominiert, nämlich der Repressor. Erinnern wir uns daran, daß dieses Protein alle anderen Phagengene abgeschaltet hält, zugleich aber sein eigenes Gen *cI* stimuliert. Diese unter normalen Bedingungen stabile Situation wird dann gestört, wenn induzierende Agenzien (z. B. ultraviolettes Licht) einwirken. Sie führen zur Spaltung des Repressors und lassen dadurch den Schalter umspringen – das lytische Programm beginnt.

Dieses Kapitel beschäftigt sich im wesentlichen mit 2 Fragen zur Genregulation bei λ:

- Wie entscheidet der Phage, ob er das soeben infizierte Bakterium lysieren oder lysogenisieren soll? Sich heimlich als Teil eines lysogenen Bakteriums zu vermehren ist vermutlich ein Trick, der von großem Nutzen ist, wenn die Bedingungen für die rapide lytische Vermehrung nicht optimal sind.
- Wie reguliert λ seine Gene während der verschiedenen Phasen innerhalb des einen oder anderen Entwicklungsprogramms?

Schlägt der Phage den *lytischen* Weg ein, so muß er nach Infektion einer Zelle in geordneter Weise seine DNA replizieren und verpacken, dann die Zelle lysieren und während der ganzen Zeit die Synthese des Repressors verhindern; im Falle der Induktion eines lysogenen Bakteriums ist zusätzlich noch die Herstellung eines Enzyms nötig, das den Prophagen aus dem Wirtschromosom ausschneidet.

Will der Phage dagegen den Weg zur Prophagenbildung einschlagen, so muß er die Enzyme herstellen, die sein Genom in das Wirtschromosom einbauen, er muß mit der Synthese des Repressorproteins beginnen und ständig die Expression der verschiedenen lytischen Gene verhindern – mit anderen Worten: Der Schalter muß in der Stellung *Lysogenisierung* stehen.

Die Entscheidung zwischen Lyse und Lysogenie ist ein aufschlußreiches Beispiel dafür, wie die Umgebung Einfluß auf die Wahl zwischen verschiedenen Entwicklungsprogrammen nehmen kann. Wie wir sehen werden, sind nach der Infektion die allerersten Schritte der λ-Genregulation in jedem Fall identisch, unabhängig davon, ob der Phage am Ende die Zelle lysieren oder lysogenisieren wird. In der kritischen Phase registriert ein regulatorisches Phagenprotein den Zustand des Wirts und lenkt dementsprechend die nächsten Schritte in die eine oder die andere Richtung.

Ob nun λ den lytischen oder den lysogenen Weg einschlägt, das Muster der Genregulation ist, wie wir sehen werden, immer nach Art einer Kaskade angelegt: Typischerweise schaltet ein 1. Regulatorprotein eine Gruppe von Genen an oder ab; diese Gruppe schließt ihrerseits ein 2. Regulatorgen mit ein, dessen Genprodukt dann eine weitere Gruppe von Genen aktiviert oder reprimiert, usw.

Wir schauen uns zuerst in einem kurzen Überblick an, welche Aktivitäten ein infizierendes λ-Chromosom zeigt, wenn es den lytischen bzw. den lysogenen Weg durchläuft. Wir untersuchen dann die verschiedenen Muster der Genexpression etwas genauer und kommen schließlich auf die Frage zurück, wie der Prozeß der Entscheidung zwischen den beiden möglichen Entwicklungsprogrammen abläuft.

3.1 Kurzer Überblick über den Vermehrungszyklus von λ

Genkarte von λ

Eine vereinfachte Karte des λ-Chromosoms ist in Abb. 3.1 dargestellt. Nur 6 Gene sind in dieser Darstellung einzeln angeführt: die Regulatorgene *cI, cII, cIII, N, cro* und *Q*. Die übrigen Gene sind in Gruppen zusammengefaßt entsprechend der Funktion der Proteine, für die sie kodieren.

Die Region mit dem Namen *DNA-Replikation* enthält die beiden Gene, die zur DNA-Replikation nötig sind. Im Bereich *Lyse* liegen 3 Gene, deren Produkte das Bakterium zur Lyse bringen. Der Abschnitt *Rekombination* enthält ungefähr 10 Gene, darunter 2, deren Produkte das Phagenchromosom bei der Prophagenbildung ins Wirtschromosom einbauen und nach Induktion ausschneiden. Etwa 10 *Kopf*gene kodieren für Proteine, die den Phagenkopf aufbauen, ungefähr 12 weitere Gene tragen die Information für die Proteine des Phagenschwanzes. Einige dieser Gene werden wir beim Studium der λ-Vermehrung noch näher kennenlernen.

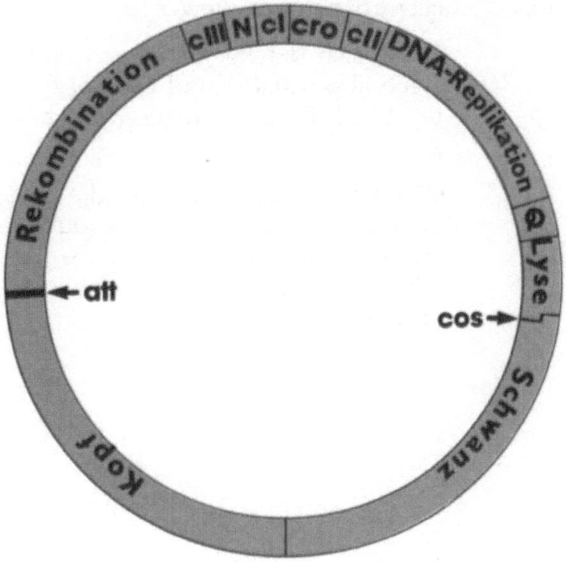

Abb. 3.1. Das λ-Cromosom. In der Regel liegen Gene mit verwandten Funktionen in Gruppen zusammen und werden auch gruppenweise reguliert. Auf dieser Karte sind 6 Regulatorgene mit Namen aufgeführt sowie 2 Stellen auf der DNA mit besonderer Funktion, *att* (für *attachment site*) und *cos* (für *cohesive ends*)

Zirkularisierung

Die Genkarte ist als Kreis dargestellt, da das λ-Genom im Phagenpartikel zwar als lineares Molekül vorliegt, nach Injektion ins Bakterium aber sofort zirkularisiert (Abb. 3.2). Die Enden des λ-Genoms, *kohäsive Enden* genannt, werden durch ein bakterielles Enzym miteinander verbunden. Durch diesen Ringschluß des DNA-Doppelstrangs entsteht ein Molekül mit 2 umeinander gewundenen zirkulären DNA-Strängen, auf dem die Gene für Lyse- und Schwanzproteine jetzt in direkter Nachbarschaft zueinander liegen. Am Ende der lytischen Vermehrungsphase werden die Enden an gleicher Stelle wieder neu gebildet und die Genome der Tochterphagen in Phagenköpfe verpackt.

Genexpression

Die verschiedenen Muster der Genexpression während der Vermehrung von λ sind in Abb. 3.3 zusammengefaßt. Die ersten 2 Entwicklungsstufen, die man auch als *sehr frühe* und als *frühe* Ereignisse bezeichnet, treten ein, bevor eine Entscheidung zwischen Lyse und Lysogenie gefällt wird. Das Schema der Genexpression auf den einzelnen Stufen sieht folgendermaßen aus:

Sehr früh Nur die Gene *N* und *cro* sind angeschaltet.

Früh Die Liste der aktiven Gene umfaßt jetzt auch die Gene für Rekombination und DNA-Replikation.

Spät Hier trennen sich die Wege:

Wenn sich der Phage lytisch vermehrt, sind die verschiedenen frühen Gene abgeschaltet und die *Kopf-*, *Schwanz-* und *Lyse*gene angeschaltet. Neue Phagenpartikel werden gebildet und freigesetzt, wenn die Zelle lysiert.

Wenn der Phage dagegen die Lysogenisierung ansteuert, sind nur 2 Gene aktiv, *cI* und *int*. Das Produkt des *int*-Gens, im Abschnitt *Rekombination* lokalisiert, katalysiert die Integration des Phagengenoms in die Wirts-DNA. Im lysogenen Bakterium ist schließlich nur noch das *Repressor*gen *cI* aktiv.

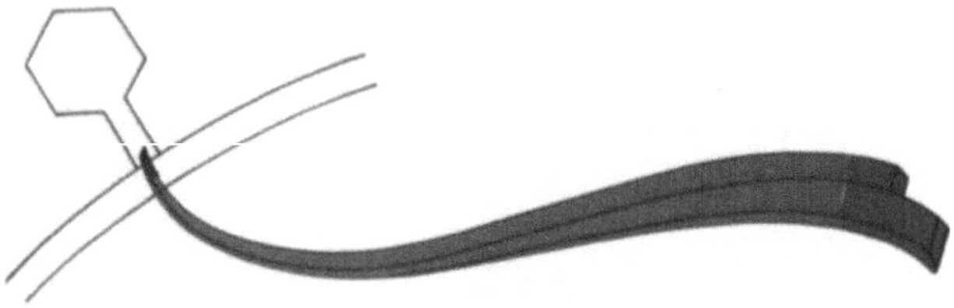

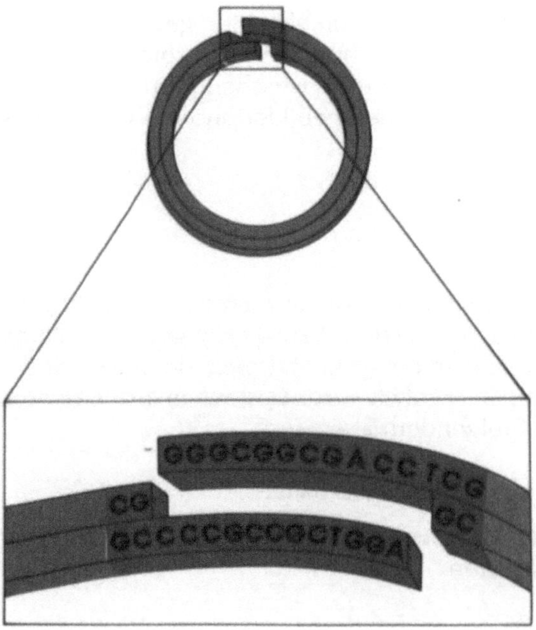

Abb. 3.2. Zirkularisierung des λ-Chromosoms. Die beiden DNA-Stränge des λ-Chromosoms tragen an ihren 5'-Enden jeweils eine 12 Basen lange, einzelsträngige, überstehende Sequenz. Die Enden können sich spontan zusammenlagern; bakterielle Enzyme verschweißen dann die Stränge und produzieren so ein durchgängiges, ringförmiges, doppelsträngiges λ-DNA-Molekül

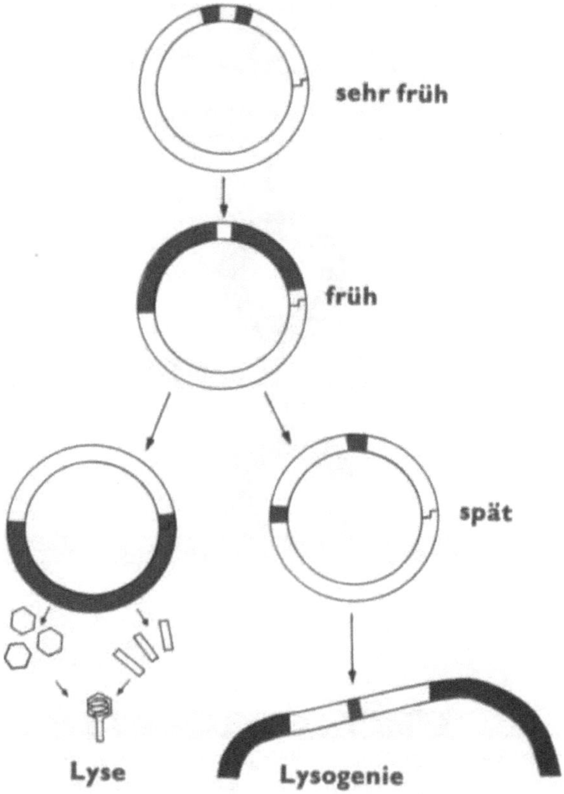

Abb. 3.3. Schematische Darstellung der Genexpression. Die *grün* markierten Gene sind in den angegebenen Phasen des λ-Vermehrungszyklus angeschaltet. Gene mit verwandten Funktionen werden zusammen an- und abgeschaltet. Diese koordiniert geregelten Gene liegen blockweise nebeneinander mit Ausnahme der beiden Gene, die als einzige in der späten Phase des lysogenen Programmes aktiv sind: *cI* und *int*

Integration

Abb. 3.4 zeigt, wie in einem einzigen Rekombinationsereignis das λ-Genom in das wesentlich größere Wirtschromosom integriert, ein Prozeß, der nur dann stattfindet, wenn der Phage seinen Wirt lysogenisiert. Beide DNA-Moleküle werden an einer bestimmten Stelle geöffnet, die entstandenen Enden werden über Kreuz verbunden, und es entsteht eine einzige durchgängige Struktur. Der Bereich, in dem der Rekombinationspunkt der beiden Moleküle liegt, trägt auf der Phagen-DNA den Namen *attP* (für *phage attachment*) und auf der Bakterien-DNA den Namen *attB*. Nach der Induktion eines lysogenen Bakteriums läuft dieser Prozeß in umgekehrter Richtung ab; das λ-Chromosom wird aus dem Wirtschromosom ausgeschnitten und zirkularisiert sofort.

Die Mechanismen von Integration und Exzision sind in den Abbildungen so dargestellt, als seien ausschließlich DNA-Moleküle daran beteiligt; tatsächlich aber sind diese Reaktionen in der Zelle nur durch die katalytische Wirkung von Phagenproteinen in Zusammenarbeit mit Wirtsproteinen möglich. Das Phagenprotein Int ist allein für die Integrationsreaktion zuständig, die kombinierte Wirkung von Int und Xis bewirkt die Exzisionsreaktion.

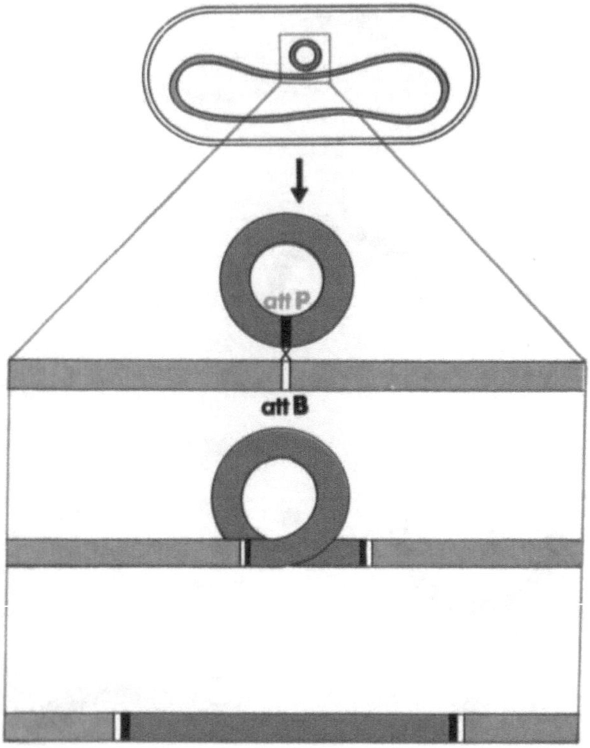

Abb. 3.4. Integration. Die Integrationsreaktion findet zwischen bestimmten Stellen des Phagen- und des Wirtsgenoms statt (*attP* bzw. *attB*). Dadurch entstehen 2 gemischt zusammengesetzte *att*-Sequenzen an den Enden des integrierten Phagenchromosoms, des Prophagen. Exzision, die Umkehrung der Integration, bewirkt, daß aus dem einen zirkulären Chromosom des lysogenen Bakteriums 2 zirkuläre DNA-Moleküle entstehen, das Phagen- und das Wirtschromosom. Im Bild wird auf die Darstellung der Proteine verzichtet, die die Reaktion katalysieren. Wie die Phagen-DNA ins Wirtschromosom integriert und aus diesem wieder ausgeschnitten wird, beschreibt im Detail das Modell von A. Campbell.

3.2 Regulation der Transkription

Wir wollen uns jetzt klarmachen, welche regulatorischen Phagenproteine in den verschiedenen Stadien der λ-Vermehrung eine Rolle spielen (Abb. 3.3). Für jedes Stadium soll eine Abbildung zeigen, welche Regulatorproteine aktiv sind und welche wichtigen mRNAs hergestellt werden. Die ersten 2 Stufen sind für den lytischen und den lysogenen Weg identisch.

Sehr frühe Ereignisse

Die RNA-Polymerase des Wirts bindet an 2 Promotoren auf dem Phagenchromosom (p_L und p_R) und beginnt die Transkription. Abb. 3.5 zeigt, daß diese transkri-

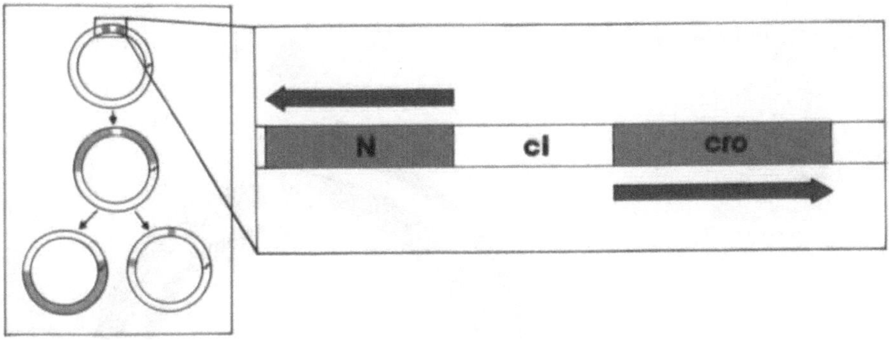

Abb. 3.5. Sehr frühe Ereignisse. Schon bald nach der Infektion transkribiert die RNA-Polymerase von *E. coli* die Gene *N* und *cro*, die auf verschiedenen DNA-Strängen liegen

bierenden RNA-Polymerasemoleküle jeweils knapp hinter dem Ende von *N* und *cro* anhalten. Die mRNAs von *N* und *cro* werden in die entsprechenden Proteine übersetzt.

Frühe Ereignisse

Das N-Protein ist ein positiver Regulator. N bewirkt das Anschalten der Gene links von *N*, einschließlich *cIII* und der *Rekombinations*gene, sowie der Gene rechts von *cro*, einschließlich *cII*, der *Replikations*gene *O* und *P* und des Gens *Q* (Abb. 3.6). *Kopf-*, *Schwanz-* und *Lyse*gene werden nicht mit der für die lytische Vermehrung notwendigen Effizienz transkribiert.

Die positive Genregulationswirkung des N-Proteins ist vollständig verschieden von der des Repressorproteins, wie sie in Kap. 1 beschrieben worden ist. N wirkt dadurch, daß es die RNA-Polymerase befähigt, die Transkription über DNA-Bereiche hinaus fortzusetzen, die andernfalls die Termination der mRNA-Synthese veranlassen würden; deshalb wird das N-Protein als *Antiterminator* bezeichnet. In Gegenwart von N werden die *N*- und *cro*-mRNAs verlängert und dadurch schließlich die flankierenden Gene angeschaltet.

Wie N arbeitet, ist nicht in allen Einzelheiten bekannt. Wir wissen aber, daß es eine spezifische Sequenz *nut* (für *N utilization*) erkennt; wenn die Polymerase über diese Sequenz wandert, wird sie anscheinend von N so modifiziert, daß sie einige, aber nicht alle der folgenden Terminationssignale ignoriert. Eine *nut*-Sequenz liegt zwischen p_L und dem Anfang von *N*, eine andere direkt rechts von *cro*. Abb. 3.7 zeigt deutlich, daß das Signal, das von N erkannt wird, also die *nut*-Sequenz, nicht identisch ist mit dem Punkt, an dem die Antitermination tatsächlich stattfindet.

Hier gabelt sich nun der Weg. Im lytischen Programm sind die Proteine Q und Cro aktiv, im lysogenen Programm die Proteine CII, CIII und am Schluß CI. Wir werden die Aktivitäten dieser beiden Gruppen von Regulatorproteinen getrennt behandeln und dann auf die Frage zurückkommen, wie die Entscheidung getroffen wird, welche Gruppe von Genen exprimiert werden soll.

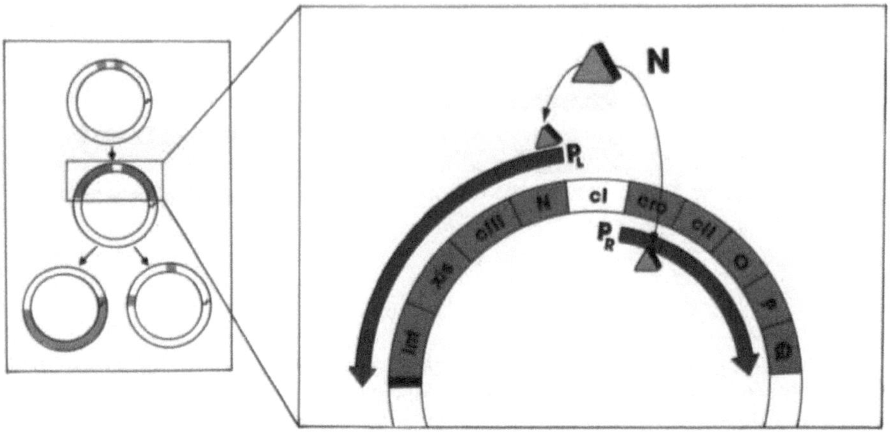

Abb. 3.6. Frühe Ereignisse. Das N-Protein schaltet die frühen Gene links von *N* und rechts von *cro* an. Das *Dreieck*, das das N-Protein darstellen soll, sitzt bei der linksgerichteten mRNA am Anfang des Transkripts, bei der rechtsgerichteten mRNA aber weiter stromabwärts. Die Erklärung dazu findet sich im Text

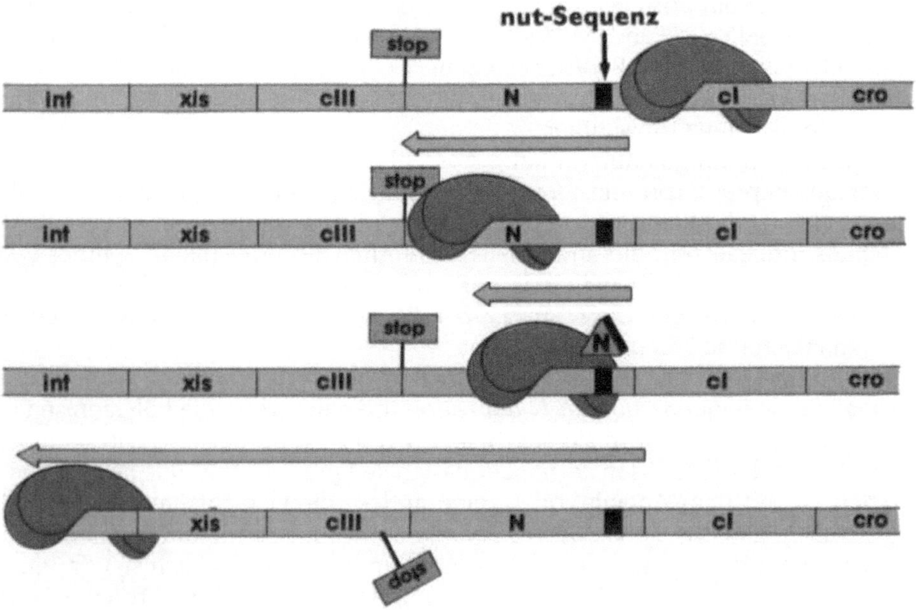

Abb. 3.7. Wirkung von N. Wenn kein N-Protein anwesend ist, reagiert die Polymerase nicht auf die *nut*-Sequenz, fällt am *stop*-Signal von der DNA ab und gibt die mRNA frei. Erreicht die Polymerase jedoch in Anwesenheit von N die *nut*-Sequenz, dann nimmt das Enzym keine Rücksicht mehr auf das nachfolgende *stop*-Signal

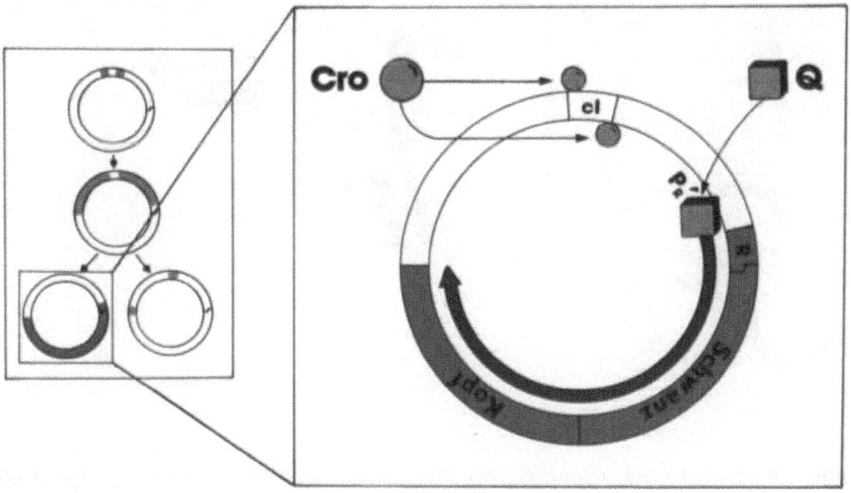

Abb. 3.8. Späte Ereignisse im lytischen Programm. Das Q-Protein erkennt das Sequenzelement *qut*. Dies liegt sehr nahe beim Anfang des langen Transkripts, das von $p_{R'}$ aus gestartet wird. Die von Q modifizierte Polymerase überschreibt dann die späten Gene in ein einziges, sehr langes Transkript

Späte Ereignisse im lytischen Programm

Das Q-Protein schaltet die späten Gene an, also diejenigen Gene, die für die Lyse der Zelle und die Herstellung von Kopf- und Schwanzproteinen zuständig sind (Abb. 3.8). Q funktioniert so wie N als Antiterminator und wirkt spezifisch auf eine kleine RNA, die an einem Promotor mit dem Namen $p_{R'}$ unmittelbar rechts von *Q* gestartet wird. Die kurze, terminierte mRNA wird von der bakteriellen RNA-Polymerase synthetisiert und, wenn Q als Antiterminator wirksam wird, entlang dem zirkulären Phagengenom durch den Bereich der *Kopf*- und *Schwanz*gene verlängert.

Währenddessen bindet Cro zuerst an o_R3 und unterdrückt damit die weitere Synthese des Repressors (vgl. Kap. 1). Dann bindet es an einen 2. Operator (o_L), um die p_L- abhängige Transkription abzuschalten, und schließlich an die noch freien o_R-Positionen, um p_R zu reprimieren. So wird nach einem anfänglichen Syntheseschub der frühen links- und rechtsgerichteten Transkripte deren weitere Produktion durch Cro unterdrückt.

Schließlich hat sich soviel Q-Protein angesammelt, daß die Produktion der Proteinhüllen aktiviert werden kann. Die neusynthetisierten λ-DNA-Moleküle werden verpackt, die Zelle lysiert, und eine neue Phagengeneration ist entstanden.

Späte Ereignisse im lysogenen Programm

Das Regulatorprotein CII schaltet die Gene *cI* und *int* an (Abb. 3.9). CII arbeitet ähnlich wie der λ-Repressor in seiner Rolle als Genaktivator: Es unterstützt die RNA-Polymerase, wenn sie an die DNA bindet und die Transkription an 2 Promotoren beginnt, die sonst stumm bleiben würden, p_{RE} und p_I.

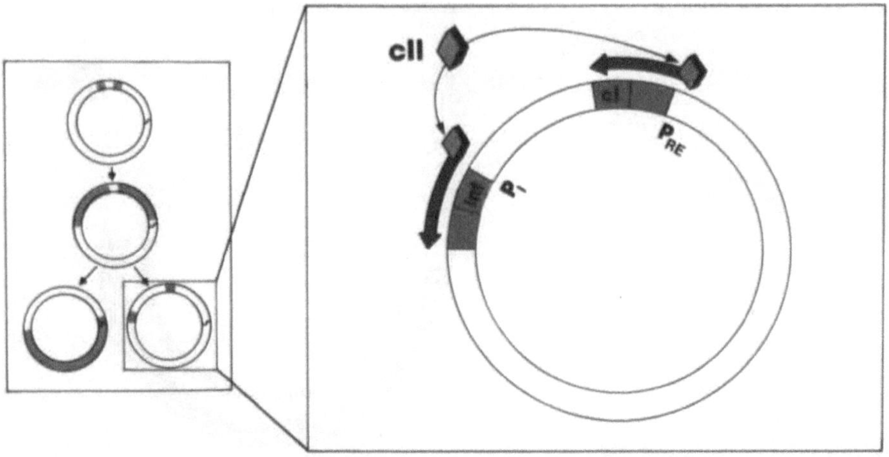

Abb. 3.9. Späte Ereignisse im lysogenen Programm. Das CII-Protein steuert die Transkription der beiden Gene, die zur endgültigen Etablierung des lysogenen Zustandes benötigt werden. Die frühen Gene sind in diesem Stadium wahrscheinlich noch angeschaltet; in der Abbildung wurde jedoch auf die Darstellung der entsprechenden Transkripte verzichtet

Wir können jetzt eine Frage beantworten, die sich uns in Kap. 1 gestellt hat. Wie wir gesehen haben, wird der Repressor benötigt, um sein eigenes Gen anzuschalten und dadurch die Repressorproduktion in einem lysogenen Bakterium aufrechtzuerhalten. Wie aber kann dann die Repressorsynthese beginnen, solange noch kein Repressorprotein anwesend ist? Die Antwort lautet, daß *cI* von 2 Promotoren aus transkribiert werden kann, von denen einer durch den Repressor, der andere durch das CII-Protein aktiviert wird.

Erinnern wir uns, daß in einem lysogenen Bakterium der Repressor die p_{RM}-abhängige Transkription stimuliert (p_{RM} steht für *promoter for repressor maintenance*). Aber in einer Zelle ohne Repressorprotein veranlaßt das CII-Protein die Polymerase, das *cI*-Gen von einem anderen Promotor aus zu transkribieren: p_{RE}, dem *promoter for repressor establishment*. Die Polymerase beginnt bei p_{RE} und transkribiert nach links bis zum Ende des *Repressor*gens *cI*. Wenn diese mRNA translatiert wird, entsteht nur das Repressorprotein und nicht etwa das Cro-Protein, denn das *cro*-Gen wird bei dieser mRNA-Synthese sozusagen rückwärts transkribiert.

An einem anderen Promotor – p_I, dem *promoter for integration* – veranlaßt CII die Polymerase, das *int*-Gen nach links zu transkribieren; das zugehörige Genprodukt ist für die Integration der Phagen-DNA ins Wirtschromosom zuständig.

Der Repressor entsteht zuerst durch Translation der mRNA, die bei p_{RE} initiiert wurde. Er bindet dann an o_L und o_R und schaltet dabei die p_{RM}-abhängige Transkription seines eigenen Gens an, während er zugleich alle anderen Phagengene abschaltet. In einem lysogenen Bakterium sind die späten Gene abgeschaltet, weil es kein Q-Protein gibt, und das *Q*-Gen ist abgeschaltet, weil das *N*-Gen abgeschaltet ist.

Die Regelkaskade bei λ wird von Proteinen gesteuert, die nur an wenigen Stellen auf dem Genom wirkungsvoll angreifen können. Ein derartiges Regelsystem ist nur deshalb möglich, weil Gene, die für verwandte Funktionen kodieren, in Gruppen zusammenliegen und alle in einer Richtung transkribiert werden.

3.3 Der Entscheidungsprozeß

Nachdem wir nun die beiden Richtungen beschrieben haben, zwischen denen ein infizierender λ-Phage wählen kann, müssen wir uns jetzt fragen: Was entscheidet denn darüber, welcher Weg eingeschlagen wird? Welche Faktoren bringen das System dazu, das lytische oder das lysogene Programm zu wählen?

Wir verstehen diese Vorgänge heute noch nicht in allen Einzelheiten, können aber ein plausibles Modell entwickeln. Letztendlich wird die Entscheidung von einem einzigen Protein getroffen, dem CII-Protein. Abb. 3.10 gibt diesen Zusammenhang wieder: Wenn CII sehr aktiv ist, lysogenisiert der infizierende Phage das Bakterium; im anderen Falle wird der lytische Weg eingeschlagen. Ist die Entscheidung einmal gefällt, so sind alle weiteren Schritte der λ-Entwicklung durch das eine oder das andere Programm festgelegt.

Die Aktivität von CII wird von Umweltfaktoren bestimmt. Das Protein ist instabil (Abb. 3.10); bakterielle Proteasen können es angreifen und zerstören. Die Aktivität dieser Proteasen wird durch die Bedingungen in der Umwelt beeinflußt; z. B. werden die Proteasen aktiviert, wenn die Bakterien sich in einem reichen Medium vermehren können. Hunger hat den gegenteiligen Effekt; hungernde Zellen werden von λ häufiger lysogenisiert. Das ist sinnvoll, weil in hungernden Zellen ein Mangel an Substanzen herrscht, die der Phage für eine effiziente lytische Vermehrung benötigt.

Das λ-Protein CIII hilft ebenfalls bei der Etablierung des lysogenen Zustands. Seine Rolle ist es, CII vor proteolytischem Abbau zu schützen. Die Schutzwirkung

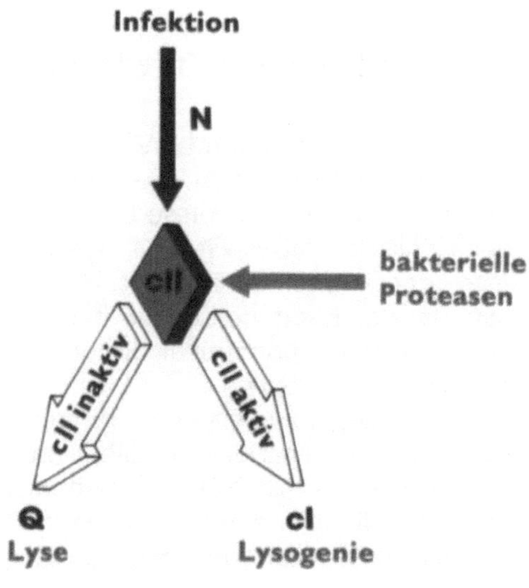

Abb. 3.10. Entscheidung zwischen *Lyse* und *Lysogenie*. Wirtsproteasen regulieren die Aktivität des CII-Proteins. Das CIII-Protein ist hier nicht aufgeführt. Es kann aber ebenfalls als Substrat für die Proteasen dienen; auf diese Weise bleibt dann das CII-Protein verschont. Zusätzlich wird wahrscheinlich auch die Translation der *cII*-mRNA von Wirtsproteinen reguliert.

von CIII ist nicht absolut, und unter bestimmten Bedingungen wird CII trotz der Anwesenheit von CIII weitestgehend inaktiviert. Ist CIII aber abwesend, dann wird CII praktisch immer inaktiviert, und der Phage kann sich nur lytisch weiterentwickeln.

Wir wollen vergleichen, wie sich eine λ-Infektion auf Zellen auswirkt, wenn die Aktivität CII-inaktivierender Proteasen in einem Fall hoch, im anderen Fall niedrig ist.

- In den Zellen, in denen CII wegen einer hohen Proteasenkonzentration schnell abgebaut wird, kann kein Repressor gebildet werden. Die Proteine Q und Cro werden synthetisiert, die Transkription verläuft entsprechend der Abb. 3.8, und es kommt zur lytischen Vermehrung. Wir werden sehen, daß der Phage einen Mechanismus besitzt, um die Menge an Int-Protein auch dann zu verringern, wenn es durch Translation des p_L-abhängigen Transkriptes entsteht (und nicht durch Translation des CII/p_I-abhängigen Transkriptes).
- In den Zellen, in denen CII sehr aktiv ist, weil der Spiegel an Proteasen niedrig ist, werden *cI* und *int* mit hoher Rate von den Promotoren p_{RE} bzw. p_I aus transkribiert (Abb. 3.9). Das Int-Protein baut die Phagen-DNA in die Wirts-DNA ein, und der Repressor bindet an o_L und o_R und schaltet damit alle Phagengene außer *cI* ab: Der lysogene Zustand ist erreicht.

Könnte im 2. Fall Cro an o_R3 binden, bevor der Repressor o_R1 und o_R2 besetzt hätte, wäre es für den Phagen schwierig, den lysogenen Zustand herbeizuführen. Wir nehmen an, daß diese Situation nie vorkommt, wenn das CII-Protein sehr aktiv ist. Es sorgt für die Synthese von genug Repressor, damit bei den gegebenen Affinitäten von Repressor und Cro zu den einzelnen Bindungsstellen Repression stattfinden kann: die Transkription des *cro*-Gens wird eingestellt, bevor soviel Cro-Protein vorhanden ist, daß es zur Abschaltung von p_{RM} kommt.

3.4 Regulation von Integration und Exzision

Die Integrationsreaktion benötigt ein einziges Phagenprotein, das Int-Protein. Für die umgekehrte Reaktion, die Exzision, sind dagegen Int- und Xis-Protein erforderlich. Die Gene, die für diese beiden Proteine kodieren, liegen nebeneinander auf der Genkarte; daß sie je nach Bedarf exprimiert werden, stellen 2 verschiedene Arten der Genregulation sicher. Die eine beruht auf der Wirkung von CII, dem Protein, das den lysogenen Zustand herbeiführt; die andere beruht auf einem Mechanismus, den wir noch nicht diskutiert haben, nämlich auf einer funktionellen Veränderung der mRNA.

Um die Logik zu verstehen, die diesen Regelmechanismen zugrunde liegt, wollen wir uns 3 Szenarien vorstellen: 1. ein infizierendes Phagengenom, das die Zelle lysogenisieren wird; 2. ein infizierendes Phagengenom, das sich lytisch vermehren wird; 3. schließlich einen integrierten Prophagen, der auf ein Induktionssignal hin mit der Exzision und dem Beginn des lytischen Programms antworten soll.

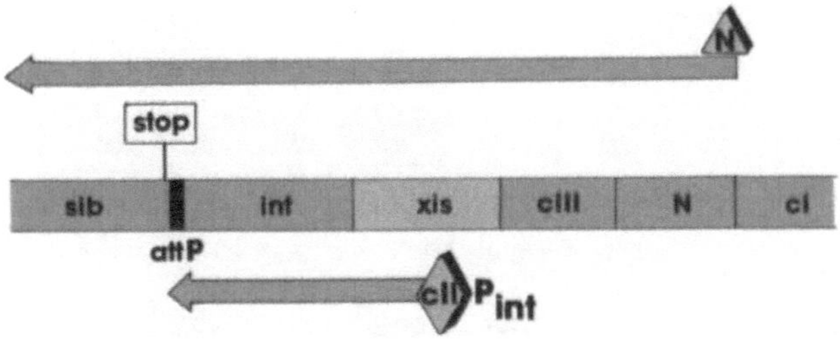

Abb. 3.11. CII-stimulierte Transkription des *int*-Gens. Der Promotor für das *int*-Gen, p_I, liegt innerhalb des *xis*-Gens. Daher kann CII nur die Produktion des Int-Proteins stimulieren, nicht die des Xis-Proteins

Fall 1: Etablierung des lysogenen Zustandes

Um seine bevorstehende Integration sicherzustellen, sollte der Phage dafür sorgen, daß möglichst viel Int- und wenig Xis-Protein hergestellt wird. Abb. 3.11 macht deutlich, daß das CII-Protein die Transkription von *int*, aber nicht die von *xis* anschaltet. So wie das CII-Protein p_{RE} aktiviert und dadurch die Repressorsynthese anschaltet, so wirkt es in derselben Phase auch auf p_I. Die p_I-abhängige mRNA wird am Ende des *int*-Gens terminiert, und ihre Translation führt zu einem hohen Spiegel an Int-Protein. Etwas Int und Xis können eventuell auch von der p_L-abhängigen mRNA produziert werden, aber die Wirkung von CII stellt sicher, daß Int im lysogenen Programm im Überschuß vorhanden ist.

Fall 2: Lytische Vermehrung

In diesem Falle verstärkt der Phage die Produktion von Xis gegenüber der von Int, damit die replizierenden Phagengenome vermeiden, unnötigerweise ins Wirtschromosom zu integrieren. Wir nehmen an, daß CII während der lytischen Vermehrung vergleichsweise inaktiv ist, und wir richten unsere Aufmerksamkeit auf das Transkript, das bei p_L gestartet wird und sich über die Gene *int* und *xis* erstreckt. Hier treffen wir zum ersten Mal auf eine Art der Regulation, die nicht bei der Initiation der Transkription ansetzt, sondern vielmehr auf der Ebene der mRNA-Stabilität stattfindet.

Erinnern wir uns, daß der Antiterminator N die Verlängerung der bei p_L gestarteten mRNA über das *N*-Gen hinaus bis in das *int*- und *xis*-Gen bewirkt. Tatsächlich verändert N die RNA-Polymerase so, daß sie keine Rücksicht auf das Signal am Ende von *int* nimmt, an dem sie normalerweise anzuhalten hätte. Die Folge ist, daß die N-modifizierte Polymerase weiterwandert und eine benachbarte Region mit dem Namen *sib* in RNA überschreibt (Abb. 3.11 und 3.12).

Die *sib*-enthaltende mRNA erwartet nun ein bemerkenswertes Schicksal: Sie wird Stück für Stück abgebaut, angefangen in der Gegend von *sib* und rückwärts fortschreitend in Richtung *N*. Weil die *int*-Information vor der *xis*-Information verlorengeht, führt diese mRNA zur Produktion von mehr Xis- als Int-Protein. Man bezeichnet diesen Regelmechanismus als *Retroregulation*.

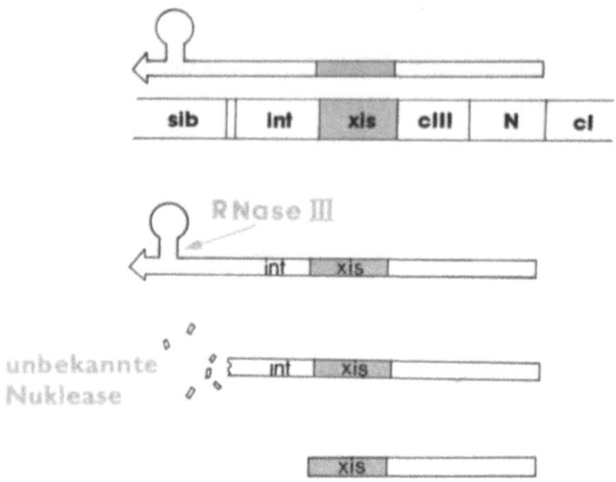

Abb. 3.12. Retroregulation. Die mRNA-Kopie des *sib*-Gens bildet eine Haarnadelstruktur, die von dem bakteriellen Enzym RNase III erkannt und gespalten wird. Andere bakterielle RNasen bauen dann die mRNA von der Spaltstelle her ab

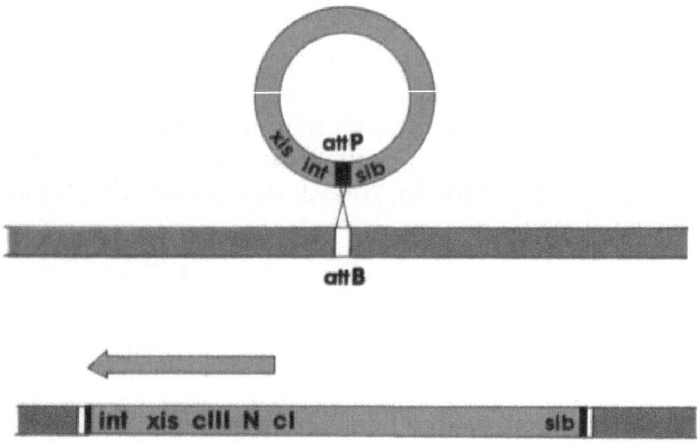

Abb. 3.13. Integration und Anordnung der Gene. Durch die Integration, eine Rekombination zwischen den beiden *att*-Sequenzen, wird *sib* von *int* getrennt

Fall 3: Induktion

Im Falle der Induktion eines lysogenen Bakteriums muß der Prophage sowohl das Int- als auch das Xis-Protein herstellen, um sich anschließend aus dem Chromosom lösen zu können. Daß lytische Vermehrung eintreten wird, wissen wir; es kann aber nicht das CII-Protein sein, das für die Produktion des nötigen Int-Proteins sorgt, da im lysogenen Bakterium außer *cI* kein Phagengen exprimiert wird. Die Lösung des Problems ist folgende: Wieder entsteht durch p_L-abhängige Transkription eine mRNA, die für Int und Xis kodiert. Diesmal aber wird die *sib*-Region nicht mit in das Ende der mRNA überschrieben. Durch die Integration der Phagen-DNA ins Wirtsgenom sind nämlich die Gene *sib* und *int* voneinander getrennt worden, so daß die mRNA, die im Prophagen bei p_L startet, keine *sib*-Sequenzen tragen kann (Abb. 3.13). Folglich werden sowohl *int* als auch *xis* von dieser mRNA translatiert.

3.5 Andere Phagen

λ gehört zu einer Gruppe von Phagen, die sich in *E. coli* vermehren und dieses Bakterium lysogenisieren. Einige dieser Phagen besitzen zwar keine sichtbare DNA-Sequenzverwandtschaft mit λ, sind ihm aber hinsichtlich der generellen Organisation ihrer Gene und der zugehörigen Regelmechanismen sehr ähnlich. So ist mit leichten Veränderungen die λ-Genkarte von Abb. 3.1 auch für eine Reihe anderer Phagen gültig. Sie besitzen beispielsweise spezifische *att*-Sequenzen und daher jeweils einen eigenen Integrationsort innerhalb des Bakterienchromosoms. Ihre Int- und Xis-Proteine katalysieren nur die Integrations-Exzisions-Reaktion der eigenen Phagen-DNA, ihre Repressor- und Cro-Proteine wirken spezifisch auf die eigenen Operatoren; und zumindest einer von ihnen synthetisiert, wie wir wissen, ein Q-ähnliches Protein, das nur bei diesem Phagen und nicht bei λ als Antiterminator bei der Synthese der kleinen RNA wirksam ist.

Ob wir nun wie in diesem Kapitel die Gesamtorganisation der Genregulation betrachten oder molekulare Details wie in Kap. 1 und Kap. 2, es wird deutlich, daß bei aller Vielfalt spezifischer Sequenzen die Logik der Regelmechanismen konserviert ist. Die zahlreichen Phagen entwickeln sich nebeneinander und tauschen gelegentlich Teile ihres Genoms durch Rekombination aus. Wenn wir z. B. die Region *att-int-xis* durch das entsprechende DNA-Fragment eines anderen Phagen ersetzen, dann erhalten wir einen Phagen, der mit λ weitgehend identisch ist, aber an einer anderen Stelle des Wirtschromosoms integriert.

Dieses Austauschen von Blöcken genetischer Information erfordert, daß grundsätzlich die DNA-Basensequenzen, die die Ansatzpunkte der Regulatorproteine darstellen, dicht bei den Genen liegen, die für diese Regulatorproteine kodieren. So binden Repressor und Cro an die Operatoren, die das *Repressor*gen *cI* flankieren; O und P setzen am Replikationsursprung *ori* (*origin of replication*) innerhalb des *O*-Gens an, Int und Xis wirken auf *att*, Q greift an einer Stelle *qut* in der Nähe von *Q* an, und die Erkennungssequenzen für N (*nut*) liegen nahe bei *N*.

3.6 SOS-Antwort

Die Induktion von λ ist nur ein Teil einer Reihe von Reaktionen, mit denen die Bakterien auf ultraviolette Bestrahlung antworten. Insgesamt wird eine Gruppe von 10–20 bakteriellen Genen angeschaltet; zumindest einige davon helfen den Bakterien, die Bestrahlung zu überleben. Die Aktivierung dieser Gruppe von Genen wird *SOS-Antwort* genannt.

Der Mechanismus, mit dem ultraviolettes Licht die Bakteriengene induziert, ist derselbe, der bei der Induktion des Prophagen in einem lysogenen Bakterium abläuft. In Kap. 1 haben wir erfahren, daß ultraviolettes Licht die DNA angreift. Durch diese Schädigung wird das RecA-Protein, normalerweise für die Rekombination zwischen DNA-Molekülen zuständig, zu einer speziellen Protease: Es spaltet den λ-Repressor und löst damit die Induktion aus (Abb. 1.21).

RecA spaltet mindestens noch einen anderen Repressor, ein Wirtsprotein mit dem Namen LexA. Dieses Protein ist in Struktur und Funktion dem λ-Repressor

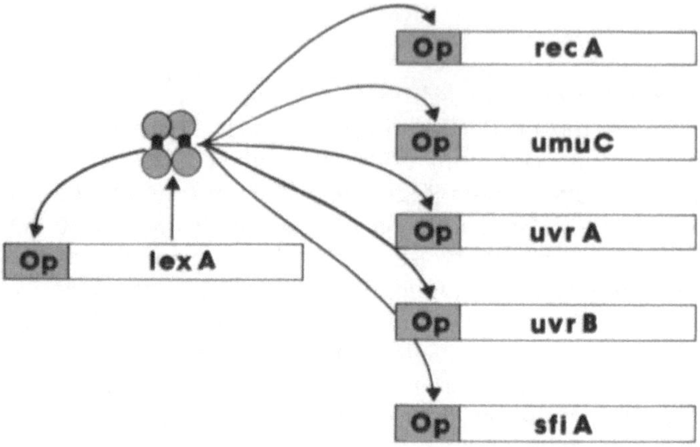

Abb. 3.14. Wirkung von LexA und SOS-Antwort. Einige der Gene, die vom LexA-Protein reprimiert werden, sind hier aufgeführt. Die Gene *uvrA* und *uvrB* kodieren für Proteine, die durch UV-Licht geschädigte DNA reparieren. Das UmuC-Protein ist – aus Gründen, die noch nicht ganz klar sind – für das Entstehen von Bakterienmutanten nach ultravioletter Bestrahlung verantwortlich. *Op* steht für den *lexA*-Operator, den wir bei all diesen Genen finden, überlappend mit dem jeweiligen Promotor

ähnlich. Das LexA-Monomer ist in 2 Domänen gefaltet, eine Aminodomäne, welche die DNA erkennt, und eine Carboxyldomäne, welche die Dimere zusammenhält. LexA reprimiert eine Gruppe von Genen, deren Produkte dem Bakterium helfen, die Bestrahlung zu überleben (Abb. 3.14). Ultraviolettes Licht schaltet diese Gene an, indem es LexA mit Hilfe von RecA inaktiviert. RecA spaltet LexA, so wie es den λ-Repressor spaltet: Es greift an einer bestimmten Bindung in der Aminosäurekette an, die die beiden Domänen zusammenhält.

Wie andere Phagen, die *E. coli* lysogenisieren, nutzt λ mit seinem Repressor die zelluläre SOS-Antwort aus. Durch die RecA-Spaltung des Proteins fühlt der reprimierte Phage gewissermaßen, daß sein Wirt geschädigt wurde, und beginnt schnell mit der lytischen Vermehrung.

Ultraviolettes Licht ist nicht das einzige Agens, durch das die *SOS*-Gene induziert werden. Generell wirkt jedes Karzinogen in gleicher Weise, gegebenenfalls nach geeigneter Aktivierung. Benzpyren ist ein Beispiel für eine Verbindung, die bei Tieren Tumoren erzeugt. Die Substanz an sich ist für den Organismus nicht gefährlich, aber nach einer chemischen Veränderung durch Leberenzyme reagiert sie mit der DNA und schädigt sie. Wenn man Benzpyren direkt zu Bakterien gibt, so hat das keinen Effekt; läßt man es aber vorher durch Leberenzyme modifizieren, so induziert es wirksam die SOS-Antwort.

Die Fähigkeit eines Agens, in Bakterien die *SOS*-Gene zu induzieren, geht einher mit seiner Fähigkeit, Tumoren in Tieren zu erzeugen, und obwohl die Verläßlichkeit dieses Zusammenhangs noch diskutiert wird, werden Bakterien als empfindliche Detektoren für mutmaßliche Karzinogene benutzt. Zwei in der Praxis angewandte Tests beruhen auf der Induktion der Phagenvermehrung bei lysogenen Bakterien und auf der Erzeugung von Mutanten bei nichtlysogenen Bakterien. Der 2. Ansatz ist die Grundlage des AMES-Tests auf Karzinogene. Bei beiden Untersuchungsmethoden ist nach der DNA-Schädigung das erste Folgeereignis die Induktion einer Genexpression: Phageninduktion setzt voraus, daß das RecA-Protein durch die Spaltung des Repressors Phagengene aktiviert, und Mutagenese setzt voraus, daß RecA durch die Spaltung von LexA bakterielle Gene aktiviert.

3.7 λ als Modell für die Zelldifferenzierung

Wir haben die verschiedenen Formen der Genexpression von λ als ein Phänomen der Entwicklung im kleinen betrachtet. Nun wollen wir an 3 Beispielen Parallelen ziehen zwischen den Prozessen bei λ und der Entwicklung eukaryoter Organismen aus einer befruchteten Eizelle. Wir werden versuchen, dabei einige wesentliche Punkte der Genregulation bei λ zusammenzufassen und unter einem anderen Blickwinkel zu sehen.

Regulatorgene

Beim Studium höherer Organismen ist man auf Gene gestoßen, deren Rolle darin besteht, die Expression anderer Gene zu steuern. Ein besonders beeindruckendes Beispiel finden wir bei der Fruchtfliege *Drosophila melanogaster*. Dieser Organismus entwickelt sich in 3 Stadien aus einem befruchteten Ei: dem Embryo, der Larve und dem adulten, ausgewachsenen Tier. Larve und adultes Tier besitzen 12 Segmente, die zusammen Kopf, Thorax und Abdomen bilden. Jedes Segment, v.a. wenn es zu Thorax oder Abdomen gehört, läßt sich bei Larve und adultem Tier leicht von den anderen Segmenten unterscheiden.

Um an einem Beispiel zu zeigen, wie die Differenzierung der Segmente reguliert wird, konzentrieren wir uns auf 2 benachbarte Thoraxsegmente der Larve, T2 und T3. Ein bestimmtes Protein, kodiert von dem Gen *Ubx*, wird in T3, nicht aber in T2 exprimiert. Wenn diese Funktion in T3 fehlt, entwickelt sich T3 genauso wie T2; ist sie in beiden Segmenten vorhanden, entwickelt sich T2 so wie T3. Die Einführung des Ubx-Genproduktes in einen Entwicklungsprozeß, der sonst zur Bildung von Segment T2 führen würde, läßt daher Segment T3 entstehen.

Homöotische Gene, für die *Ubx* ein Beispiel ist, bringen Gruppen von Zellen dazu, in bestimmter Weise zu differenzieren. Wir nehmen an, daß früh in der Entwicklung in jedem Segment ein eigener Satz homöotischer Gene angeschaltet wird. Diese Gene bleiben während der adulten Phase aktiv und sorgen für die Aufrechterhaltung eines typischen Musters exprimierter Gene, das charakteristisch für dieses Segment ist. Es gibt zwar noch keinen Beweis, daß jedes homöotische Protein ein direkter Genregulator ist, aber viele Wissenschaftler halten das mittlerweile für eine vernünftige Vorstellung.

Im Zusammenhang mit λ könnte man sagen, daß *cI* einem homöotischen Gen entspricht. Dieser Gedanke wird vielleicht leichter verständlich, wenn wir uns einen hypothetischen Vorläufer von λ vorstellen, dem das *cI*-Gen fehlt. Ein solcher Phage könnte sich gut vermehren, allerdings ausschließlich auf dem lytischen Weg; nur dieses eine Programm der Genexpression wäre nämlich realisierbar. Erst die

Einführung des Gens *cI* würde zusammen mit *cII* und *cIII* dem Phagen erlauben, in den anderen Zustand der Genexpression überzugehen. Erinnern wir uns, daß *cI* in der frühen Phase der Etablierung des lysogenen Zustandes durch die Wirkung von *cII* und mit Unterstützung von *cIII* angeschaltet wird. Einmal aktiviert, erhält die *cI*-Expression sich selbst aufrecht und stabilisiert das Muster der Genexpression, das charakteristisch für den lysogenen Zustand ist. – Das Gen *Q* ist eine weitere homöoähnliche Funktion von λ: Es wird wie *cI* nur für eines der beiden möglichen Entwicklungsprogramme von λ benötigt.

Die Genprodukte von *Q* und *cI* sind nicht nur für die Fortsetzung eines einmal begonnenen Entwicklungsweges nötig, sondern sie sind es auch, die im wesentlichen darüber entscheiden, welcher Weg überhaupt eingeschlagen werden soll. So würde das Einschleusen des Q-Proteins in ein lysogenes Bakterium zum Anschalten der späten Gene und damit zur Lyse führen. Würde der Repressor einem Phagen zugesetzt, der gerade am Beginn der lytischen Phase steht, so wäre die weitere Vermehrung des Phagen unterbunden.

Im Gegensatz zu diesen Genen wird das *N*-Gen von λ sowohl für das lytische Programm des Phagen als auch zur Etablierung des lysogenen Zustandes benötigt. Da der Phage in Abwesenheit des N-Proteins keinen der beiden Wege weiterverfolgen kann, werden wir *N* nicht als homöotisches Gen bezeichnen.

Wenn man sich mit Fragen der Entwicklung beschäftigt, ist es manchmal nützlich, zwischen *Programmierung* und der klar erkennbaren *Differenzierung* von Zellen zu unterscheiden. Diese Unterscheidung spiegelt die Beobachtung wider, daß Zellen, die bei zufälliger Untersuchung in einer frühen Phase ihrer Entwicklung identisch zu sein scheinen, trotzdem später unter anscheinend gleichen Bedingungen differenzieren und verschiedene Zelltypen bilden. Wir bezeichnen sie als darauf programmiert, einen bestimmten Differenzierungsweg einzuschlagen, sobald sie den geeigneten Stimulus erhalten.

Eine Form der Programmierung mag in der Aktivierung bestimmter – möglicherweise regulatorischer – Gene bestehen. Dieses Muster der Aktivierung könnte die anschließende Antwort auf ein äußeres Signal festlegen. Die endgültige Differenzierung würde sich dann aus einer weiteren Änderung im Muster der Genexpression ergeben.

Ein λ-lysogenes Bakterium ist von einem nichtinfizierten Bakterium äußerlich nicht zu unterscheiden; im Gegensatz zu ersterem ist letzteres darauf programmiert, zu lysieren und Phagen freizusetzen, wenn es ein induzierendes Signal aus der Umgebung empfängt. Nun besitzt das lysogene Bakterium natürlich Gene, die dem nichtlysogenen Bakterium fehlen, aber es ist nicht schwer, sich entsprechende Formen der Programmierung vorzustellen, die nur auf unterschiedlicher Expression derselben Gene beruhen. Nehmen wir ein einfaches Beispiel: Die Regulatorproteine einer Zelle könnten etwa ein Gen anschalten, das für einen Hormonrezeptor kodiert. Im Unterschied zu einer Zelle mit stummem *Hormonrezeptor*gen würde diese Zelle auf das Hormon reagieren und dabei möglicherweise weitere Veränderungen im Muster ihrer Genexpression erfahren.

Genetische Schalter

In verschiedenen Stadien während der Entwicklung eines höheren Organismus lösen Umweltsignale die Entscheidung für eines von 2 möglichen Programmen der Genexpression aus. Wir wollen uns dies kurz am Beispiel eines *Drosophila*-embryos im frühen *Blastula*stadium klarmachen. Die ursprüngliche Eizelle hat sich noch nicht geteilt, wohl aber der Kern: In dem befruchteten Ei sind schließlich 4000 Kerne entstanden, die entlang der Membran aufgereiht sind. Schon bald sollen diese Kerne für ihre zukünftige Aufgabe programmiert werden, nämlich Zellen zu bilden, aus denen sich die einzelnen Teile der Larve zusammensetzen.

Woher wissen nun die Zellkerne in diesem frühen Stadium, welche ihrer Gengruppen sie anzuschalten haben, damit sie die richtige Differenzierungsrichtung wählen? Man nimmt an, daß die Moleküle, die die Genexpression auslösen, im Ei ungleichmäßig verteilt sind und wahrscheinlich Konzentrationsgradienten ausbilden. So bietet der vordere (*anteriore*) Teil des Eies den Kernen eine andere Umgebung als der hintere (*posteriore*) Teil. Ähnlich nimmt man an, daß sich oberer und unterer Teil des Eies (*dorsal* und *ventral*) in der Konzentration einer oder mehrerer Substanzen unterscheiden. Jeder Zellkern muß seine Lage innerhalb des Eies herausfinden, indem er die Konzentrationen dieser Faktoren mißt; dadurch wird bei ihm ein spezifisches Genexpressionsprogramm ausgelöst.

Vermutlich treffen in den späteren Entwicklungsstadien der Fliege die Zellen auf ähnliche Weise weitere genetische Entscheidungen, abhängig von ihrer Lage im sich entwickelnden Embryo. Man nimmt an, daß die Zellen dann ihre Position anhand der Konzentration von Substanzen bestimmen, die von anderen Zellen produziert werden, und daß so die richtigen Gene an- oder abgeschaltet werden.

Kommen wir auf λ zurück: Wie wir wissen, gibt es im Leben des Phagen 2 Stadien, in denen außerzelluläre Signale die Genexpression beeinflussen. In beiden Fällen geht es letztlich um die Wirkung des *cI*-Genproduktes, des Repressors; das Signal wird aber jeweils von verschiedenen Proteinen aufgefangen und weitergegeben:

- Im 1. Fall, der Herbeiführung des lysogenen Zustandes, modifizieren die Bedingungen in der Zelle zum Zeitpunkt der Infektion die Aktivität des CII-Proteins und aktivieren dadurch die Transkription des *Repressor*gens.
- Im 2. Fall, der Induktion eines Prophagen, ist es die UV-Strahlung, die über eine Aktivitätsveränderung des RecA-Proteins die Inaktivierung des Repressors bewirkt.

In der Sprache der Entwicklungsbiologie hieße das: Außerzelluläre Signale führen in dem einen Fall zur Etablierung eines dauerhaft „differenzierten" Zustandes, im anderen Fall bewirken sie seine Aufhebung.

In diesen 2 Beispielen einer Beeinflussung durch die Umwelt entscheidet λ aufgrund extrazellulärer Signale über seine weitere Entwicklung. Man könnte sagen, daß jeweils ein genetischer Schalter durch den Einfluß der Umwelt in eine von 2 möglichen Stellungen gebracht wird. Den Mechanismus der Induktion von λ verstehen wir am besten; der dazugehörige Schalter ist so ausgelegt, daß schon eine relativ geringe Änderung in der Repressorkonzentration die Induktion des Prophagen bewirken kann. Die Vorstellung ist also durchaus vernünftig, daß bei *Drosophila* Unterschiede vom Faktor 5–10 in der Verteilung eines Regulatorproteins genügen könnten, um einen genetischen Schalter umspringen zu lassen – vorausgesetzt, er ist wie der λ-Genschalter aufgebaut.

Ein Schalter dieser Bauart springt praktisch nie aus Zufall um. Würden wir eine einzelne Linie der Nachkommen eines λ- lysogenen Bakteriums verfolgen und uns nach jeder Teilung nur eine Tochterzelle anschauen, so müßten wir 5–10 Jahre warten, um eine Zelle beobachten zu könnten, die auch ohne induzierendes Signal lysiert.

Genexpression und Musterbildung

Wir nehmen an, daß es im Laufe der Entwicklung eines höheren Organismus zur Expression von Genen in vielen unterschiedlichen Kombinationen kommt. Ein bestimmtes Gen wird möglicherweise in verschiedenen Entwicklungsstadien und Geweben exprimiert, jedesmal innerhalb einer anderen Gruppe aktivierter Gene. Dazu ist es aber nötig, daß die einzelnen Gene mehrfach reguliert sind.

Beispielsweise wird bei *Drosophila* das Gen für die Alkoholdehydrogenase (ADH) in der Larve in einer bestimmten Gruppe von Geweben exprimiert, im adulten Tier dagegen in einer anderen Gruppe, die mit der ersten nur z.T. überlappt. In diesem Falle verstehen wir ein wenig, welche Mechanismen beteiligt sind: 2 Promotoren steuern die Transkription des einen Gens, und diese Promotoren unterliegen verschiedenen, entwicklungsabhängigen Regulationsmechanismen. Im Embryo sind beide Promotoren aktiv, in der Larve dagegen ist es nur der eine, im adulten Tier nur der andere.

Das Studium des Phagen λ hat ergeben, daß in Abhängigkeit von der Art seiner Vermehrung viele seiner Gene in unterschiedlichen Kombinationen exprimiert werden können. Zum Beispiel ist das *cI*-Gen zusammen mit *int* aktiv, wenn der lysogene Zustand herbeigeführt werden soll; ist dieser dann erreicht, so bleibt *cI* an- und das *int*-Gen abgeschaltet. Das *cI*-Gen wird in den beiden Fällen von verschiedenen Promotoren aus transkribiert: von einem CII- stimulierten Promotor bei der Herbeiführung des lysogenen Zustandes und von einem repressorstimulierten Promotor im lysogenen Bakterium.

Was die beiden nebeneinanderliegenden Gene *int* und *xis* angeht, so erinnern wir uns, daß es hier 3 Expressionsmuster gibt: Während der Herbeiführung des lysogenen Zustandes wird vor allem *int* exprimiert, während der lytischen Phase vorherrschend *xis*, nach der Induktion *int* und *xis* gleichrangig. Diese 3 Konstellationen sind möglich, weil 2 Promotoren für die Transkription von *int* benutzt werden und außerdem die *int*-mRNA dem Mechanismus der Retroregulation unterliegt.

Ein weiteres Beispiel stammt aus dem Bereich der Bakterien; es zeigt, wie in einer Gruppe von Genen ein bestimmtes Gen spezifisch aktiviert werden kann. Die *Laktose*gene (*lac*-Gene) und die *Galaktose*gene (*gal*-Gene) kodieren für Enzyme, die für die Verwertung der Zucker Laktose bzw. Galaktose verantwortlich sind. Die beiden Gengruppen werden jeweils von einem eigenen Repressor negativ reguliert. Die Anwesenheit von Laktose im Medium führt dazu, daß der *lac*-Repressor von der DNA freigesetzt wird; ebenso wird der *gal*-Repressor inaktiviert, wenn Galaktose angeboten wird.

Diese und viele andere *E. coli*-Gene können von CAP (*catabolite activator protein*) aktiviert werden, einem positiv regulierenden Protein. CAP bindet allerdings nur zusammen mit zyklischem AMP (zyklischem Adenosin-Monophosphat, abgekürzt cAMP) an die DNA und stimuliert die Transkription, sofern sie nicht vom entsprechenden Repressor unterdrückt wird. Das kleine cAMP-Molekül aktiviert also bei Anwesenheit von Laktose nur die *lac*-Gene und bei Anwesenheit von Galaktose nur die *gal*-Gene.

Die Substanz cAMP ist noch für viele weitere regulatorische Effekte verantwortlich. Der cAMP-Spiegel ist seinerseits glukoseabhängig; wenn Glukose anwesend ist, wird die cAMP-Synthese unterdrückt, und weder die *lac*- noch die *gal*-Gene können aktiviert werden. Hat das Bakterium die Wahl zwischen verschiedenen Zuckerquellen, so wird es folglich Glukose gegenüber Laktose oder Galaktose bevorzugen.

Mechanismen

Die Tatsache, daß es Parallelen gibt zwischen der Vermehrung von λ und der Entwicklung eukaryotischer Zellen, besagt nicht notwendigerweise, daß die zugrundeliegenden Mechanismen gleich sind. So kennen wir in der Tat Systeme der Genregulation, die sich nicht bei λ finden, und es werden zweifellos noch mehr neuartige Mechanismen entdeckt werden. Am Schluß dieses Buches gibt Anhang 3 einige Hinweise auf besondere mechanistische Parallelen zwischen der Genregulation bei λ und den höheren Organismen.

Weiterführende Literatur

Übersichtsartikel

(aus: Hendrix RW, Robert JW, Stahl FW, Weisberg R (eds) Lambda II. Cold Spring Harbor, New York)

1. Campbell A, Botstein D (1983) Evolution of the lambdoid phages, pp 365–381
2. Echols H (1983) Control of integration and excision, pp 75–93
3. Friedman D, Gottesman M (1983) Lytic mode of λ development, pp 21-53
4. Hershey AD, Dove W (1983) Introduction to λ, pp 3–13
5. Weisberg R, Landy A (1983) Site-specific recombination in phage λ, pp 211–251
6. Wulff D, Rosenberg M (1983) Establishment of repressor synthesis, pp 53–75

Die folgenden Artikel behandeln Aspekte der Genregulation bei der Entwicklung von *Drosophila*. Hinweise auf weitere Literatur, die sich mit eukaryotischen Genen beschäftigt, finden sich in Anhang 3.

7. Garcia-Bellido A, Lawrence PA, Morata G (1979) Compartments in animal development. Sci Am 241: 102–110
8. Gehring WJ (1985) The molecular basis of development. Sci Am 253: 153–162
9. Kauffman S, Shymko R, Trabert K (1978) Control of sequential compartment formation in Drosophila. Science 199: 259–270
10. Lewis EB (1982) Control of body segment differentiation in Drosophila by the bithorax gene complex. In: Burger M (ed) Embryonic development: Genes and cells. Liss, New York, pp 269–288

4 Woher wir das alles wissen: die entscheidenden Experimente

Im 1. Teil dieses Kapitels sollen ein paar der wichtigsten Experimente beschrieben werden, die uns die nötigen Grundlagen für das weitere Verständnis liefern. Wir wollen dann einige Modelle aus Kap. 1 und 2 mit ausgewählten Experimenten untermauern. Die genauen Daten finden sich in der Literatur, die am Ende des Kapitels angegeben ist, und in darin zitierten weiteren Veröffentlichungen. Die experimentellen Grundlagen von Kap. 3 sollen uns nicht beschäftigen; der Leser kann sie anhand der allgemeinen Literaturangaben am Ende jenes Kapitels nachschlagen.

4.1 Die Repressoridee

Daß λ für ein Repressormolekül kodiert, dessen Aufgabe darin besteht, die anderen Phagengene abzuschalten – diese Vorstellung wurde Ende der 50er und Anfang der 60er Jahre von den Arbeitsgruppen um die französischen Wissenschaftler François Jacob und Jacques Monod formuliert. Die Idee basierte im wesentlichen auf genetischen Studien, die sich aus bestimmten Beobachtungen im Zusammenhang mit der Vermehrung von λ ergaben.

Im folgenden sollen 3 Beispiele für solche Beobachtungen vorgestellt und anhand der Repressorhypothese erklärt werden.

λ *clear*- und λ *vir*-Mutanten

Beobachtungen

Die Vermehrung des Phagen λ läßt sich folgendermaßen untersuchen: Man mischt wenige Phagenpartikel mit etwa 10^6 Bakterien und gießt die Mischung auf eine Agarplatte. Die Bakterien vermehren sich und bilden auf der Oberfläche des Agars einen Rasen. Gleichzeitig vermehren sich aber auch die Phagen und lysieren ihre Wirtszellen. So entsteht am Ende durch jedes infektiöse Viruspartikel ein Loch im Bakterienrasen, ein sogenannter *Plaque* (s. Abb. 4.1).

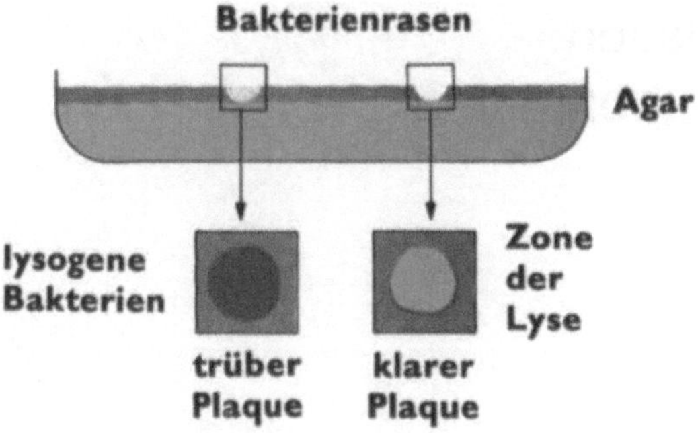

Abb. 4.1. Entstehung von Plaques. Mischt man λ-Phagen mit einem großen Überschuß an Kolibakterien und gießt das Gemisch auf eine Agarplatte, dann wird jede primär infizierte Zelle lysiert und setzt Phagennachkommen frei; von diesen werden dann die benachbarten Bakterien infiziert. Dieser Prozeß wiederholt sich viele Male, und die Zone der lysierten Bakterien (*Plaque*) erreicht sichtbare Größe. In der Mitte der Plaques, die der λ-Wildtyp erzeugt, wachsen später lysogene und damit immune Zellen zu kleinen Kolonien auf; sie sind die Ursache für das trübe Aussehen des Plaques

Die Plaques, die vom λ-Wildtyp induziert werden, sind wolkig-trüb. Das hat folgenden Grund: Bei der Entstehung des Plaques lysiert ein großer Teil der infizierten Bakterien; einige von ihnen lysieren aber nicht und beginnen, den Plaque zu überwachsen. Isoliert man solche Bakterien aus der Mitte des Plaques und vermehrt sie, so findet man, daß sie „immun" sind gegen eine weitere Infektion mit λ-Phagen. Diese immunen Zellen sind lysogen: Wenn man sie mit ultraviolettem Licht bestrahlt, so lysieren sie und setzen neue Phagennachkommen frei.

Gelegentlich beobachtet man aber auch einen klaren Plaque ohne die Spur einer Trübung. Jeder dieser Plaques rührt von einer λ-Mutante her, genannt λ*clear*, die die Fähigkeit verloren hat, ihren Wirt zu lysogenisieren, die sich ansonsten aber normal vermehrt. Der klare Plaque ist eine Zone vollständiger Lyse und enthält keine lysogenen Bakterien.

Die meisten der λ*clear*-Mutanten besitzen einen Defekt in einem der 3 Gene *cI*, *cII* oder *cIII*. Mit λ*cII*- oder λ*cIII*-Mutanten kann man zwar nur selten lysogene Bakterien isolieren; einmal isoliert, sind sie aber stabil, immun und mit ultraviolettem Licht induzierbar. Mit λ*cI*-Mutanten lassen sich dagegen niemals lysogene Bakterien erhalten. In diesem Punkt unterscheiden sie sich vom Wildtyp, in einer anderen Grundeigenschaft sind sie jedoch ihm und den anderen λ*clear*-Mutanten gleich: Sie sind nicht in der Lage, λ-lysogene Bakterien zu infizieren und zur Lyse zu bringen.

Die Fähigkeit zur Infektion λ-lysogener Bakterien besitzt aber eine andere Gruppe von λ-Mutanten, λ*virulent* oder λ*vir*, die sich auf lysogenen und auf nichtlysogenen Bakterien gleich gut vermehrt und zu klaren Plaques führt. λ*vir*-Mutanten treten in einer Population viel seltener auf als die häufigeren λ*clear*-Mutanten. Das relativ seltene Vorkommen von λ*vir*-Mutanten war ein Grund zu der Annahme, sie besäßen mehr als 1 Mutation.

Interpretation

In einem lysogenen Bakterium schaltet das Genprodukt von *cI*, der Repressor, außer dem eigenen Gen alle übrigen Phagengene ab einschließlich der Gene, die ır die lytische Phagenvermehrung benötigt werden, und zwar auf der DNA des berinfizierenden Phagen ebenso wie auf der eigenen Prophagen-DNA. Die Gene *II* und *cIII* sind nur in der frühen Phase des Infektionszyklus aktiv, wenn es darum eht, den lysogenen Zustand herbeizuführen; für dessen Aufrechterhaltung sind e aber nicht mehr nötig. Wie wir heute wissen, ist es Aufgabe von CII, mit Hilfe on CIII die Transkription von *cI* in Gang zu bringen.

Die λ*vir*-Mutanten tragen Veränderungen in ihrer DNA-Sequenz an den ngriffspunkten des Repressors, den Operatoren. Der Repressor ist nicht mehr in er Lage, an diese mutierten Regionen zu binden; daher können sich λ*vir*-Mutanen sogar in Anwesenheit des Repressors lytisch vermehren. Wie wir heute wissen, ıuß ein λ-Phage in den beiden Operatoren o_L und o_R mutiert sein, um zur λ*vir*-Mutante zu werden.

nmunität und Heteroimmunität

eobachtungen

gehört zu einer großen Gruppe von Phagen, die sich alle auf dieselbe Weise in *coli* vermehren und ihr Wirtsbakterium lysogenisieren können. Ein typisches Beipiel für solch einen λ-ähnlichen Phagen ist der Phage 434. Er bildet auf *E. coli* übe Plaques, und wie bei λ kennt man 434*clear*- und 434*virulent*-Mutanten. 34-lysogene Bakterien sind zwar gegen eine Infektion mit den eigenen 434-Phaen immun, nicht aber gegen eine λ-Infektion, auf die sie genauso reagieren wie ormale (nichtlysogene) Bakterien. Umgekehrt sind λ-lysogene Bakterien sensitiv egen 434-Phagen. Wir bezeichnen deshalb λ und 434 als ein Paar *heteroimmuer Phagen.*

Die genetische Analyse der beiden Phagen hat gezeigt, daß diese Immunitätsigenschaften jeweils von einem kurzen Stück des Phagenchromosoms kodiert verden: von der *Immunitätsregion.* Diese Region umfaßt die Gene *cI* und *cro* owie diejenigen DNA-Sequenzelemente (die Operatoren), an denen ihre Genprolukte angreifen (Abb. 4.2).

Wenn im Genom des Phagen λ die eigene Immunitätsregion durch diejenige les Phagen 434 ersetzt wird, so entsteht ein Hybridchromosom mit den Immuitätseigenschaften von 434 und allen übrigen Eigenschaften von λ. Der

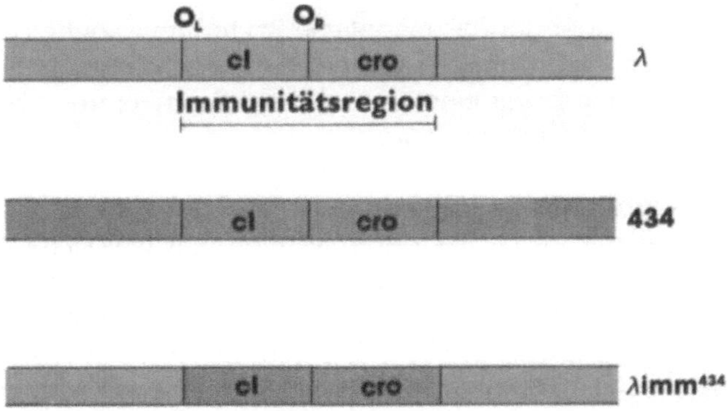

bb. 4.2. Die Immunitätsreionen von λ und 434 ıachen nur wenige Prozent er Gesamtlänge des Phaenchromosoms aus

Tabelle 4.1. Plaqueformen, die durch Mischen und Ausplattieren von verschiedenen λ-Phagen mit 3 unterschiedlichen Bakterienstämmen entstehen (vgl. Abb. 4.1)

	λ	λ*cI*	λ*vir*	434	λ*imm*^{434}
E. coli K	tr	kl	kl	tr	tr
K(λ)	–	–	kl	tr	tr
K(λ*imm*^{434})	tr	kl	kl	–	–

kl: klarer Plaque; *tr:* trüber Plaque; *–:* kein Plaque beobachtet. K(λ) ist die Bezeichnung für λ-lysogene Bakterien vom Stamm *E. coli* K. Für K(434) sind die Ergebnisse identisch mit denen von K(λ*imm*^{434}).

Hybridphage λ*imm*^{434}, auch 434*hy* genannt, erzeugt also lysogene Bakterien, die immun sind gegen Infektion mit 434-Phagen, aber nicht mit λ-Phagen; entsprechend kann der Hybridphage sich zwar auf λ-lysogenen, aber nicht auf 434-lysogenen Bakterien vermehren. – Das Verhalten der verschiedenen Phagen auf unterschiedlichen lysogenen Bakterien ist in der Tabelle 4.1 zusammengefaßt.

Interpretation
Der Phage 434 kodiert für einen Repressor, der eine andere Spezifität besitzt als der λ-Repressor: Er bindet an die 434-Operatoren, aber nicht an die λ-Operatoren. Umgekehrt kann der λ-Repressor keine 434-Operatoren erkennen. Die Immunitätsregion, wie sie durch die Experimente mit λ und 434 definiert wird, schließt *cI* und – wie wir jetzt wissen – *cro* sowie den Bereich von linkem und rechtem Operator und Promotor mit ein. Die Tatsache, daß die Immunitätsregion nicht die Gene *cII* und *cIII* mit umfaßt, zeigt, daß die λ-Proteine CII und CIII das *cI*-Gen von 434 anschalten können und umgekehrt die 434-Proteine CII und CIII das *cI*-Gen von λ.

Bakterienkreuzung mit einem lysogenen Partner

Beobachtungen
Bei der Paarung von Kolibakterien heftet sich eine männliche an eine weibliche Zelle und injiziert ihr einen Teil ihrer DNA. Das direkte Ergebnis dieser *bakteriellen Konjugation* ist eine *Zygote*, die aus einer weiblichen Zelle mit einigen zusätzlichen männlichen Genen besteht. Der Konjugationsprozeß läuft auch dann ungehindert ab, wenn beide Partnerzellen oder nur das weibliche Bakterium lysogen sind. Ist aber nur das männliche Bakterium lysogen oder trägt das weibliche Bakterium einen Prophagen mit einem anderen Immunitätstyp, dann lysieren viele der weiblichen Zellen und setzen Phagenpartikel frei. Abb. 4.3 illustriert diesen Prozeß der *zygotischen Induktion*.

Interpretation
Ist das männliche Bakterium lysogen, das weibliche aber nicht, so enthält nur das Zytoplasma des männlichen Bakteriums den Repressor (Abb. 4.3). Da bei der Paarung nur DNA übertragen wird und kein Zytoplasma, gelangt jetzt das Phagengenom als Bestandteil des Wirtschromosoms in das repressorfreie Zytoplasma des weiblichen Bakteriums: Die Phagengene werden aktiviert.

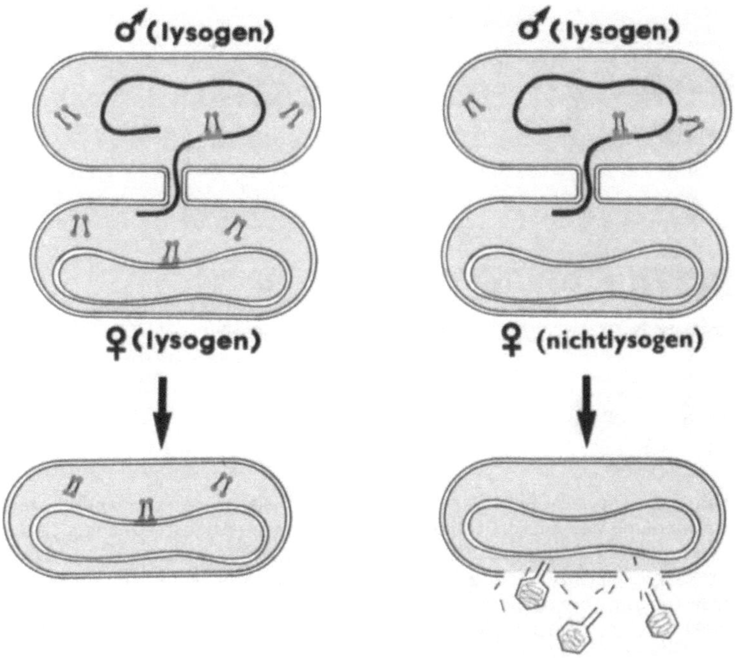

Abb. 4.3. Die zygotische Induktion. Bei der Bakterienkreuzung (*Konjugation*) werden Gene der männlichen Zelle in definierter Reihenfolge in die weibliche Zelle übertragen. Die einzelnen Bakterienstämme beginnen mit der DNA-Übertragung an unterschiedlichen Stellen des ringförmigen *E. coli*-Chromosoms. Bei der Paarung wird auf die weibliche Zelle kein Protein und also auch kein λ-Repressor übertragen

Originalliteratur zu Experimenten über die Phänomene der Virulenz, Immunität und zygotischen Induktion findet sich in den Referenzen [3, 7, 34, 35]. Die Zahlen beziehen sich auf die Literaturangaben am Ende dieses Kapitels.

4.2 Das Repressorproblem in den frühen 60er Jahren

Parallel zu den ersten λ-Experimenten wurde eine andere Reihe ebenso bedeutender Untersuchungen durchgeführt. Die Frage war: Wie reguliert ein Bakterium die Synthese der Enzyme, die für den Stoffwechsel des Milchzuckers (Laktose) benötigt werden? Man ging von folgender Vorstellung aus (Abb. 4.4): Das Produkt des *lacI*-Gens ist ein Repressor (der *lac*-Repressor), der den *lac*-Operator erkennt und mehrere Gene abschaltet. Eines dieser Gene, *lacZ*, kodiert für die β-Galaktosidase, ein Enzym, das Laktose spaltet. Man nahm nun an, daß Laktose oder eines ihrer Stoffwechselprodukte an den *lac*-Repressor bindet, ihn dadurch inaktiviert und damit die *lac*-Gene anschaltet.

Anfang der 60 er Jahre waren die Grundzüge dieses Repressormodells noch heftig umstritten. So wurde auch die Gegenposition vertreten, daß die Produkte der

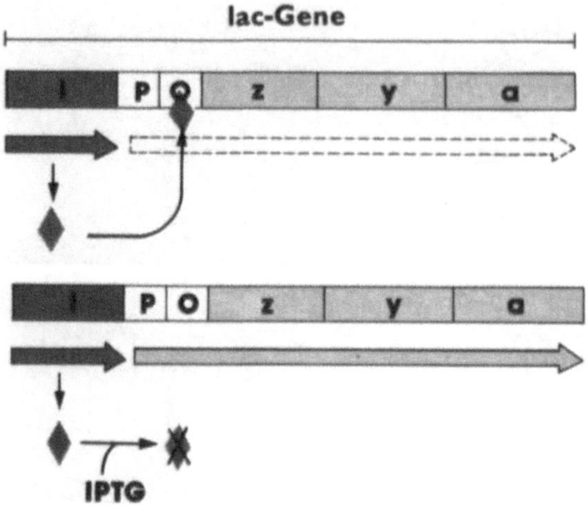

Abb. 4.4. Die *lac*-Gene. Der *lac*-Repressor schaltet 3 nebeneinanderliegende Gene ab, die für die Umwandlung des Zuckers Laktose in Glukose und Galaktose zuständig sind. Durch die Substanz IPTG *(Isopropyl-β-D-thiogalactosid)*, die eine gewisse Ähnlichkeit mit dem Laktosemolekül besitzt, können die 3 Gene gleichzeitig induziert werden. Der Induktor bindet an den Repressor; dadurch wird dieser nicht zerstört, aber so modifiziert, daß seine Affinität zum Operator sinkt. Der *lac*-Repressor hat nur die Funktion eines negativen Regulators; das zugehörige Gen *lacI* wird kontinuierlich mit niedriger Rate transkribiert.

Auf die Darstellung des CAP-Proteins wurde verzichtet. Wenn der *lac*-Promotor vom Repressor freigegeben ist, dann muß noch das CAP-Protein in Anwesenheit von zyklischem AMP der Polymerase helfen, an die DNA zu binden und die Transkription zu starten

Gene *cI* und *lacI* möglicherweise nicht selbst die Repressoren seien, sondern vielmehr Enzyme, die bestimmte Reaktionen katalysierten und dadurch erst die Bildung des eigentlichen Repressors bewirkten. Genetische Experimente allein konnten diesen Einwand nicht ausräumen, noch konnten sie eine Antwort auf die Frage nach der molekularen Natur von Repressoren geben. Daß die Repressoren direkt an bestimmte Operatorelemente auf der DNA binden und so die Gentranskription abschalten, war eine Vorstellung, die von Anfang an existierte. Es wurden aber auch andere, ähnlich plausible Modelle vorgeschlagen: so z.B. die Idee, die Operatorsequenz werde zusammen mit der Gensequenz in die mRNA überschrieben, der Repressor binde dann an den Operatorteil der mRNA und schalte auf diesem Wege die Translation des Gens ab.

Um diese Fragen zu klären, soviel stand fest, mußten die Produkte der Regulatorgene unbedingt isoliert werden. Man hoffte, sie würden in vitro ganz besondere, völlig neuartige Eigenschaften zeigen, die die spezielle Wirkungsweise der Regulatorproteine erklären könnten. In den Jahren 1966 und 1967 gelang es dann, den *lac*-Repressor und den λ-Repressor zu isolieren. Die λ-Experimente sollen hier kurz dargestellt werden, um deutlich zu machen, welches Potential in der Kombination von Genetik und Biochemie stecken kann.

Literatur: [3, 8].

4.3 Isolierung des Repressors und Untersuchung seiner DNA-Bindung

Die Methode, die zuerst benutzt wurde, um den λ-Repressor zu isolieren, ergab sich aus folgenden Überlegungen:

- Man wußte, daß der Repressor nur in sehr geringen Mengen vorlag: ein paar hundert Moleküle pro Zelle gegenüber Zehntausenden von Molekülen bei einem typischen Enzym.
- Es war kein Test bekannt, um seine Aktivität zu messen.
- Man wußte nichts über seine chemische Zusammensetzung, außer daß es sich zumindest teilweise um ein Protein handelte.

Die Lösung sah folgendermaßen aus (Abb. 4.5): Man bestrahlte eine Kultur λ-lysogener Kolibakterien (die im Zytoplasma den λ-Repressor enthielten) mit massiven

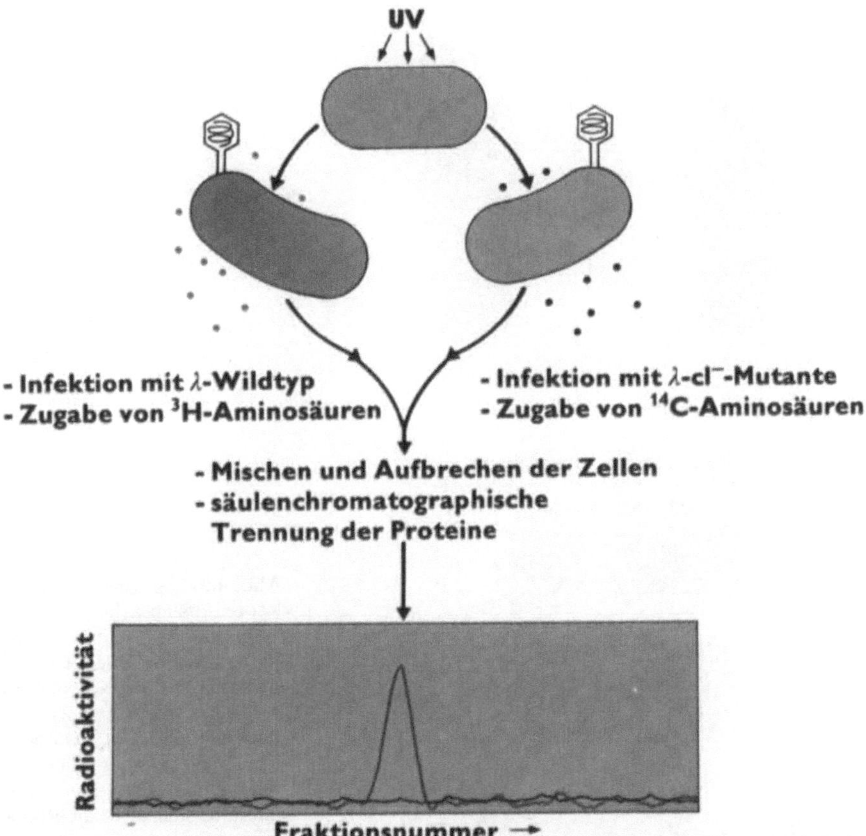

Abb. 4.5. Isolierung des λ-Repressors. Die erste Isolierung des λ-Repressors beruhte auf einer selektiven Markierung des Proteins, das in den Zellen nur in sehr geringen Mengen vorliegt. Die Rate der Repressorsynthese wurde relativ zur Syntheserate der anderen Zellproteine durch Bestrahlung mit ultraviolettem Licht gesteigert (s. Text). Mit Hilfe der *cI*⁻-Mutante konnte bewiesen werden, daß das markierte Protein wirklich das Produkt des *cI*-Gens war

Dosen an ultraviolettem Licht. Dadurch wurde die DNA geschädigt, und die Bakterien waren nicht mehr in der Lage, weiterhin ihre Proteine herzustellen. Das Repressorprotein in diesen Zellen trug eine Mutation, die bewirkte, daß es im Gegensatz zum Wildtypprotein durch ultraviolette Strahlen nicht inaktiviert werden konnte.

Die so behandelten Zellen wurden nun in 2 Kulturen aufgeteilt und mit λ-Phagen infiziert: die eine Kultur mit dem Wildtypphagen (cI^+) – in diesen Bakterien wurde der Repressor synthetisiert –, die andere mit der λ *clear*-Mutante (cI^-) – hier wurde kein Repressor gebildet. Die Erwartung war nun, daß das noch in den Zellen vorhandene Repressorprotein bei dem infizierenden λcI^--Phagen alle Gene abschalten würde, bei dem λcI^+-Phagen alle Gene bis auf das eine *cI*-Gen. Nur in einem der beiden Ansätze sollte also ein neusynthetisiertes Protein auftreten, und zwar der λ-Repressor.

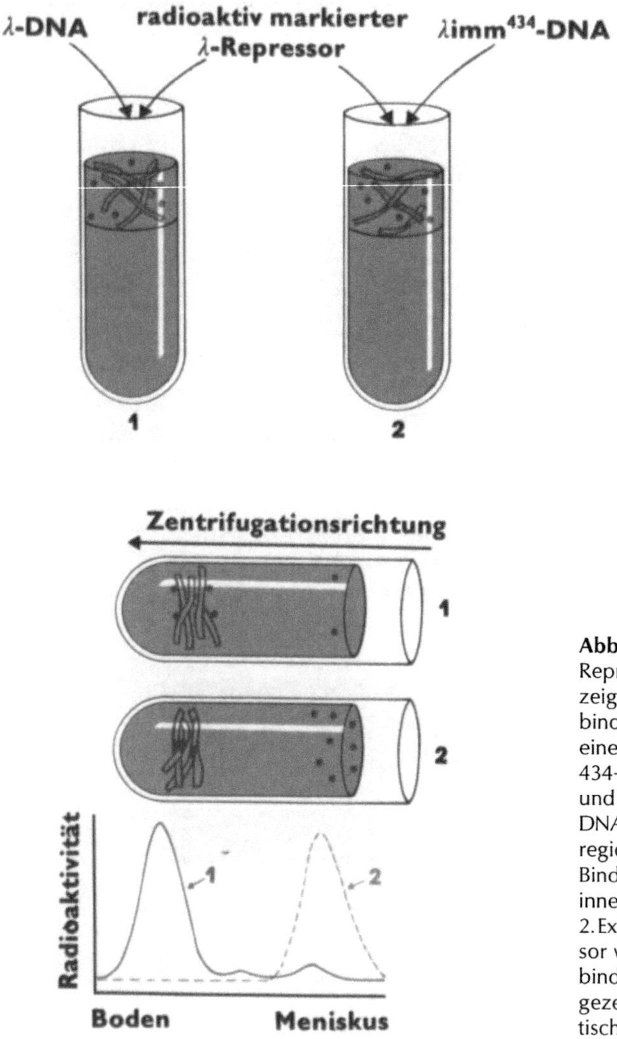

Abb. 4.6. Spezifische Bindung des λ-Repressors an λ-DNA. Das Experiment zeigt, daß der λ-Repressor an λ-DNA bindet, aber nicht an $\lambda\, imm^{434}$-DNA. In einem ähnlichen Experiment bindet der 434-Repressor nur an $\lambda\, imm^{434}$-DNA und nicht an λ-DNA. Da sich die beiden DNA-Moleküle nur in ihren Immunitätsregionen unterscheiden, müssen die Bindungsstellen für die Repressoren innerhalb dieser Region liegen. Ein 2. Experiment ergibt, daß der λ-Repressor wesentlich schlechter an λ *vir*-DNA bindet als an λ-Wildtyp-DNA. Damit ist gezeigt, daß der Repressor an die genetisch definierten λ-Operatoren bindet

Ein Ansatz der infizierten Zellen wurde mit ^{3}H-Leucin markiert, der andere mit ^{14}C-Leucin; die Zellen aus beiden Ansätzen wurden miteinander vermischt und gemeinsam aufgeschlossen. In dem Mischextrakt fand sich ein einziges Protein, das mit ^{3}H und nicht mit ^{14}C markiert war. Der Repressor stellte zwar nur eine kleine Fraktion der gesamten Proteinmenge in der Endmischung dar, er ließ sich jedoch aufgrund seiner spezifischen radioaktiven Markierung nachweisen.

Welche Funktion hatte nun dieses Protein, das CI-Genprodukt? Ein erstes Experiment ergab, daß das CI-Protein spezifisch an ein kurzes Stück der doppelsträngigen λ-DNA band, das die λ-Operatoren enthalten mußte. Für den Versuch wurde das radioaktiv markierte CI-Protein in einem Reagenzglas mit λ-DNA und in einem anderen mit $\lambda\,imm^{434}$-DNA gemischt und die Mischung jeweils in der Zentrifuge durch einen Sukrosegradienten sedimentiert (Abb. 4.6). In solch einem Gradienten bewegt sich ein DNA-Molekül von der Größe des λ-Genoms viel schneller zum Boden des Zentrifugenröhrchens als ein nicht an DNA gebundenes Repressorprotein, so daß man die beiden Komponenten leicht voneinander trennen kann.

Es stellte sich nun heraus, daß das markierte Protein zusammen mit der schnell wandernden λ-DNA, aber nicht zusammen mit der genauso schnell wandernden $\lambda\,imm^{434}$-DNA sedimentierte. Erinnern wir uns daran, daß sich die $\lambda\,imm^{434}$-DNA nur in einem kurzen Abschnitt von der λ-DNA unterscheidet, dem Bereich, in dem die Gene *cI* und *cro* sowie die Operatoren liegen (s. Abb. 4.2). Das Ergebnis des Experiments sprach sehr dafür, daß *cI* für ein Protein kodiert, den Repressor, der direkt und spezifisch an den Operator bindet. Weiterhin konnte nach Denaturierung der DNA, also nach Trennung der beiden Helixstränge durch Erhitzen, keine gemeinsame Sedimentation des Proteins und der DNA mehr beobachtet werden. Der Operator mußte also in der Form der doppelsträngigen DNA vorliegen.

Literatur: [53, 54].

4.4 Isolierung des Repressors im präparativen Maßstab

Um die Struktur des Repressors zu untersuchen, mußten Kolibakterien zur Verfügung stehen, die den Repressor in großen Mengen synthetisieren konnten, so daß das Protein leicht zu isolieren war. Die Technologie der rekombinanten DNA machte dies möglich (Abb. 4.7):

Das *cI*-Gen wurde kloniert, d. h. aus dem λ-Chromosom mit Hilfe DNA schneidender Enzyme (*Restriktionsenzyme*) herausgeschnitten und in ein *Plasmid* eingebaut. Ein Plasmid ist ein ringförmiges DNA-Molekül, viel kleiner als das *E. coli*-Chromosom, das – im Falle unseres *cI*-tragenden Plasmides – in 25–50 Kopien pro Bakterienzelle vorliegt. Plasmide replizieren unabhängig von der Wirts-DNA; sie lassen sich aus den Bakterien extrahieren, modifizieren und wieder in Bakterien einführen.

Die Menge an synthetisiertem Repressor konnte durch eine Erhöhung der Kopienzahl des *cI*-Gens nicht wesentlich gesteigert werden. Erinnern wir uns an Kap. 1: Bei mittleren Konzentrationen schaltet der Repressor sein eigenes Gen ab, indem er an o_R3 bindet. Um sehr große Mengen an Repressor herzustellen, mußten wir deshalb p_{RM}, den normalen Promotor des *Repressor*gens, durch einen anderen Promotor ersetzen, der nicht der Regulation des λ-Repressors unterlag.

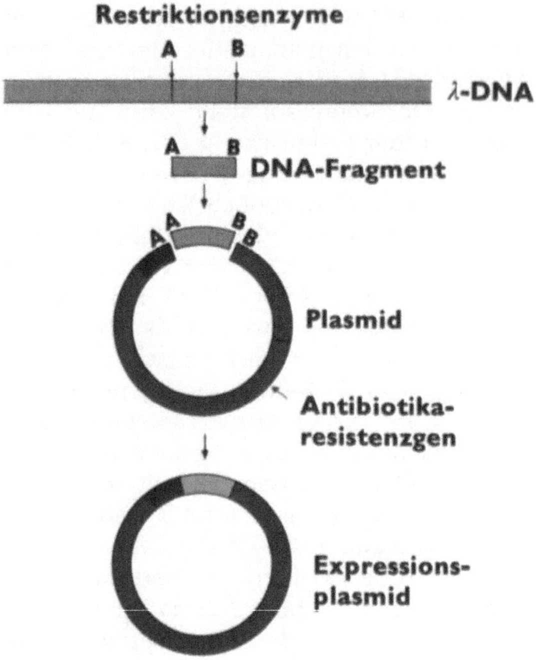

Abb. 4.7. Konstruktion eines Plasmids zur Synthese großer Repressormengen. In diesem Plasmid wird das *cI*-Gen von λ durch die Promotor-Operator-Region (*Op*) des *lac*-Gens reguliert. Mischt man Kolibakterien mit der Plasmid-DNA, so wird nur relativ selten eine Zelle von der DNA infiziert.

*Antibiotikaresistenz*gene kodieren für Proteine, die die Zelle gegen ein Antibiotikum unempfindlich machen, d.h., in Gegenwart dieses Antibiotikums wachsen nur die Zellen, die ein entsprechendes Plasmid enthalten. Auf diese Weise lassen sich ohne Schwierigkeiten selten vorkommende plasmidtragende Zellen selektiv kultivieren

Wir wählten den Promotor aus, der normalerweise für die Transkription des *lacZ*-Gens zuständig ist (Abb. 4.7). Ein DNA-Fragment mit diesem Promotor sowie den Signalsequenzen, die für eine effiziente Translation der mRNA nötig sind, wurde isoliert und direkt vor dem Beginn des *cI*-Gens eingefügt. Diese Konstruktion, als Teil eines Plasmids in Bakterienzellen eingeführt, ermöglichte die Synthese großer Mengen des Repressors.

Die heute verwendeten Stämme benutzen eine modifizierte Form des *lac*-Promotors, genannt *tac*, und produzieren den Repressor in solcher Menge, daß sein Anteil am gesamten zellulären Protein 20% beträgt. Aus diesen Bakterien läßt sich der Repressor leicht in reiner Form isolieren.

Literatur: [12, 15, 56].

4.5 Die wesentlichen Aussagen aus Kap. 1 und 2

Der Repressor besteht aus 2 globulären Domänen, verbunden durch eine Proteinbrücke von 39 Aminosäuren (Abb. 1.6)

Die Behandlung des gereinigten Repressors mit einer Protease wie Papain führt zu 2 relativ stabilen Proteinfragmenten (Abb. 4.8). Bestimmt man ihre Aminosäuresequenzen, so ergibt sich, daß eines der Fragmente vom Aminoende des Repressors stammt (Aminosäuren 1–92), das andere vom Carboxylende (Aminosäuren 132–236).

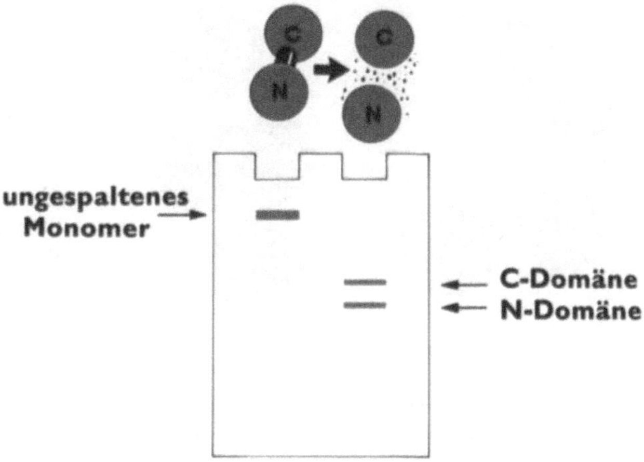

Abb. 4.8. Proteasespaltung des λ-Repressors. Eine Möglichkeit, Strukturdomänen in einem Protein zu definieren, besteht in der Suche nach Bereichen, die vergleichsweise resistent gegen eine Proteasebehandlung sind. Der Bereich der Aminosäuren 93–131 des λ-Repressors wird von Papain leicht gespalten, dagegen überstehen das amino- und das carboxyterminale Fragment diese Behandlung. Die beiden Domänen lassen sich durch Gelelektrophorese auftrennen, denn sie besitzen verschiedene Größe und erzeugen deshalb 2 einzelne Banden im Gel

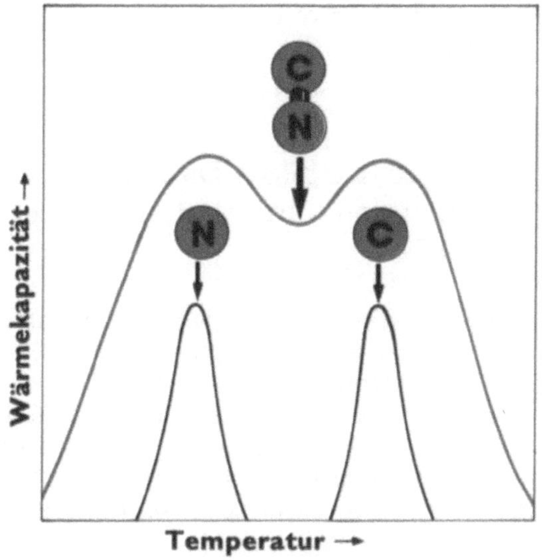

Abb. 4.9. Denaturierung des λ-Repressors und seiner einzelnen Domänen. Der λ-Repressor denaturiert in 2 Schritten bei 2 unterschiedlichen „Schmelz"-Temperaturen. Diese Temperaturen entsprechen den Denaturierungstemperaturen der isolierten Domänen. Die Denaturierung wird mit Hilfe eines Kalorimeters gemessen: Wenn Proteine denaturieren, absorbieren sie Wärme; das Kalorimeter registriert die Wärmemenge, die das Protein bei langsam steigender Temperatur absorbiert

Beide Fragmente verhalten sich wie typische globuläre Proteine und lassen sich leicht voneinander trennen. Kompakte Bereiche von Proteinen sind i. allg. gegen Proteasen widerstandsfähiger als Bereiche mit einer gestreckteren Konformation. Die Experimente lassen also darauf schließen, daß die beiden terminalen Bereiche des Repressors jeweils eine eigene Strukturdomäne bilden.

Proteine oder Proteindomänen entfalten sich (*denaturieren*) in der Wärme, und zwar jede Domäne bei einer charakteristischen Temperatur. Bestimmt man diese Temperatur getrennt für die einzelnen Repressorfragmente, so ergibt sich für die N-terminale Domäne ein Wert, der ungefähr 20 °C unter dem der C-terminalen Domäne liegt (Abb. 4.9).

Erwärmt man den ungespaltenen Repressor, so treten in der Denaturierungskurve 2 Maxima auf, die ziemlich genau mit den Werten übereinstimmen, die man

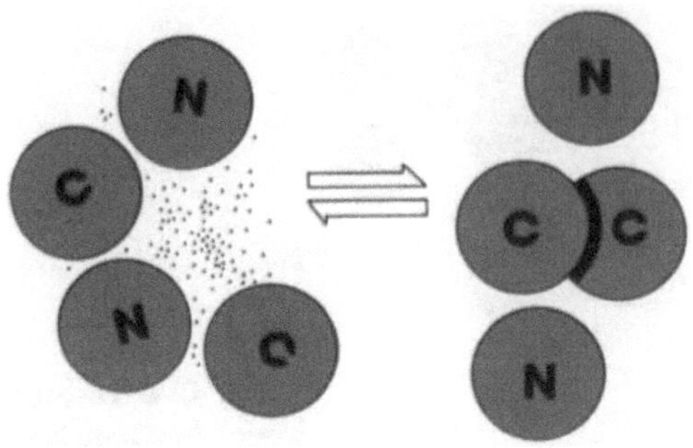

Abb. 4.10. Dimerisierung des gespaltenen λ-Repressors. Die Papainspaltung des λ-Repressors hat wenig oder gar keine Auswirkung auf die Fähigkeit der Carboxyldomäne, Dimere zu bilden

für die getrennten Fragmente beobachtet. Selbst wenn die Domänen im nativen Molekül zusammengehalten werden, denaturieren sie also fast unabhängig voneinander. Auch Untersuchungen der kernmagnetischen Resonanz (NMR) ergeben, daß im intakten Repressor die Aminodomäne durch eine flexible Brücke mit der Carboxyldomäne verbunden ist.

Literatur: [50, 64].

Der Repressor bildet Dimere, die v.a. durch Wechselwirkungskräfte zwischen den Carboxyldomänen zusammengehalten werden (Abb. 1.7)

Aus Gelfiltrations- und Sedimentationsexperimenten ergibt sich, daß der Repressor bei niedriger Konzentration (10^{-9} mol/l) vorwiegend als Monomer vorliegt, bei höherer Konzentration (10^{-7} mol/l) v.a. als Dimer und bei sehr hohen Konzentrationen (10^{-5} mol/l) im wesentlichen als Tetramer. Die isolierten Carboxyldomänen (Aminosäuren 132–236) lagern sich fast so effizient zu Di- und Tetrameren zusammen wie die intakten Monomere (Abb. 4.10). Die isolierten Aminodomänen zeigen dieses Verhalten nicht; Röntgenstrukturuntersuchungen geben nur Hinweise auf eine schwache Wechselwirkung zwischen den Aminodomänen.

Die gemessene Dimerisierungskonstante für den intakten Repressor $K_D = 2 \cdot 10^{-8}$ mol/l (s. unten) bedeutet, daß in einem lysogenen Bakterium bei einer Repressorkonzentration von etwa $4 \cdot 10^{-7}$ mol/l ungefähr 95% des Repressors als Dimer vorliegen und 5% als Monomer. Dagegen ist die Konzentration, bei der die Hälfte des Repressors Tetramere bildet, mindestens 100 mal so hoch wie die Repressorkonzentration in einem lysogenen Bakterium, d.h., in vivo werden nur sehr wenige Repressortetramere vorliegen.

Literatur: [1, 4, 50].

Ein Repressordimer bindet mit seinen Aminodomänen an ein 17 Basenpaare langes Operatorelement (Abb. 1.9)

Aus Abb. 1.9 lassen sich 3 Schlußfolgerungen ziehen:

- Pro Operatorelement kann nur 1 Repressordimer binden.
- Das Dimer bildet sich vor der Bindung an die DNA, d.h., die Monomere lagern sich nicht einzeln an.
- Nur die Aminodomänen stellen den Kontakt zur DNA her.

Wir wollen diese Aussagen im einzelnen betrachten.

Pro Operatorelement kann nur 1 Repressordimer binden
Die Nitrozellulosefilter-Methode (Abb. 4.11) ist ein wichtiger Ansatz zur Untersuchung der DNA-Bindung von Proteinen. Sie liefert genaue Daten über die Kinetik und den Gleichgewichtszustand der Reaktion. Die Methode nützt die Tatsache aus, daß das Filter für doppelsträngige DNA durchlässig ist, während es den Repressor wie die meisten anderen Proteine zurückhält. Damit bleibt die repressorgebundene DNA am Filter haften; wenn sie mit einem radioaktiven Isotop markiert ist (z.B. mit ^{32}P), so läßt sich leicht bestimmen, welcher Anteil der DNA unter den verschiedenen Bedingungen durch das Filter zurückgehalten wird, also vom Repressor besetzt ist. Bei hohen DNA-Konzentrationen etwa werden alle Repressormoleküle an die DNA gebunden. Somit ist die Zahl der DNA-Moleküle, die am Filter haften bleiben, ein Maß für die aktiven, DNA- bindenden Repressormoleküle in einer gegebenen Präparation.

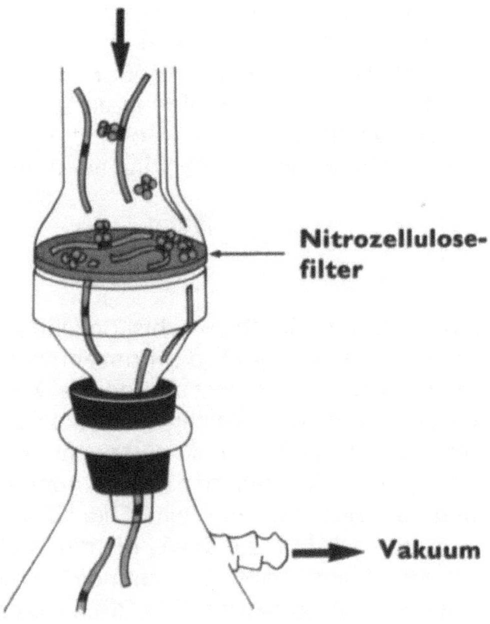

Abb. 4.11. Der Filterbindungstest. Für diesen Test wird die DNA radioaktiv markiert, nicht das Protein. Eine höhere Proteinkonzentration bewirkt, daß mehr DNA auf dem Filter zurückgehalten wird

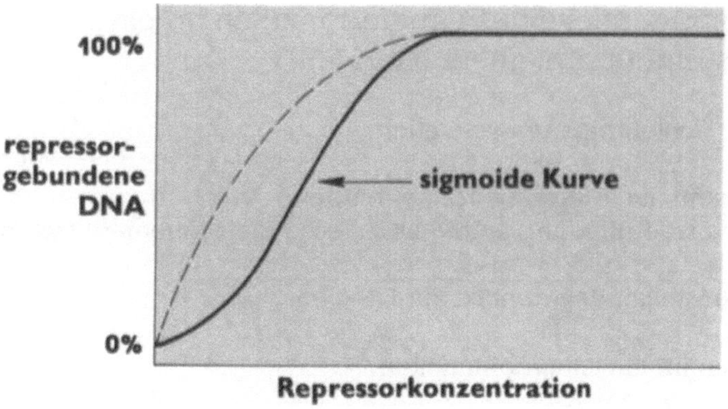

Abb. 4.12. Bindung des Repressors an DNA. Die *gestrichelte Linie* stellt eine typische Michaelis-Menten-Kurve dar. Sie würde die Bindungsreaktion beschreiben, wenn das Repressordimer bei jeder Repressorkonzentration stabil wäre und wenn es nur 1 Operatorsequenz gäbe *(o_R1)*, an die das Repressordimer binden könnte. Tatsächlich aber wird für die Bindung des λ-Repressors an die DNA ein sigmoider Kurvenverlauf beobachtet.

Streng genommen müßte man statt der Repressorkonzentration die Konzentration an freiem Repressor [R] einsetzen, also die Gesamtmenge an Repressor $[R_T]$ minus der Menge, die an den rechten Operator o_R gebunden ist. In diesem Experiment liegt aber der Repressor in großem Überschuß im Vergleich zum Operator vor, und damit ist $[R] \approx [R_T]$

Abb. 4.12 beschreibt die Bindung des Repressors an ein DNA-Molekül mit nur einem Operatorelement (o_R1) in Abhängigkeit von der Repressorkonzentration, gemessen mit der Filterbindungs-Methode. Für jeden Meßwert auf dieser Kurve wurde vor dem Filtrieren bis zum Einstellen des Gleichgewichts gewartet. Auffallend an der Charakteristik der Kurve ist, daß sie eine S-förmige (*sigmoide*) Form besitzt. Dies steht im Gegensatz zu dem Kurvenverlauf, den wir erwarten würden, wenn z. B. schon der monomere Repressor durch Bindung die DNA auf dem Filter zurückhalten könnte. In diesem Falle müßte der Verlauf der Kurve dem der gestrichelten Linie in der Abbildung entsprechen.

Wir wollen für einen Moment diese gestrichelte Kurve in Abb. 4.12 näher betrachten. Sie würde der folgenden einfachen Reaktion entsprechen:

$$RO \rightleftharpoons R + O \qquad K = \frac{[R][O]}{[RO]} \tag{1}$$

wobei [R] die Gleichgewichtskonzentration des freien Repressors ist, [O] die des freien Operators, [RO] die Konzentration an Repressor-Operator-Komplex und K die Gleichgewichtskonstante der Reaktion. Man beachte, daß wir hier und im folgenden unter der Gleichgewichtskonstante die Dissoziationskonstante verstehen wollen. Der Wert von K entspricht der Konzentration an freiem Repressor [R], wenn die Hälfte der maximal verfügbaren Operator-Bindungsstellen besetzt ist, denn für diese Situation gilt: [O] = [RO].

Warum hat nun die Kurve, die die Wechselwirkung des λ-Repressors mit seinem Operator beschreibt, eine sigmoide Form? Statt in einem einzigen Schritt wie in Zeile (1) läuft in diesem Falle die Reaktion in 2 Schritten ab. Der 1. Schritt besteht aus der Dimerisierung von 2 Repressormonomeren, der 2. Schritt aus der Bindung des Dimers an den Operator.

Dimerisierung:

$$R_2 \rightleftharpoons 2R \qquad K_1 = \frac{[R]^2}{[R_2]} \tag{2}$$

Bindung an den Operator:

$$R_2O \rightleftharpoons R_2 + O \qquad K_2 = \frac{[R_2][O]}{[R_2O]} \tag{3}$$

Die Gesamtreaktion läßt sich jetzt beschreiben als:

$$R_2O \rightleftharpoons 2R + O \qquad K = K_1 \cdot K_2 = \frac{[R]^2[O]}{[R_2O]} \tag{4}$$

[R] ist die Konzentration des Repressormonomers und $[R_2]$ die des Repressordimers.

Nach diesem Modell dissoziieren λ-Repressordimere, die fest an DNA binden, leicht in Monomere, die nur sehr schwach binden. Bei niedrigen Konzentrationen kann der Repressor also nicht an DNA binden, weil er vorherrschend aus Monomeren besteht. Steigt die Repressorkonzentration an, assoziieren die Monomere zu Dimeren und binden an den Operator.

Aus Gleichung (4) ergibt sich als Konsequenz, daß die graphische Darstellung der Werte von $\ln[R_2O]/[O]$ gegen lnR, so wie sie das Experiment von Abb. 4.12 ergeben hat, zu einer Geraden mit dem Steigungsmaß 2 führen muß. Abb. 4.13 bestätigt diese Vorhersage.

Literatur: [1, 4, 55].

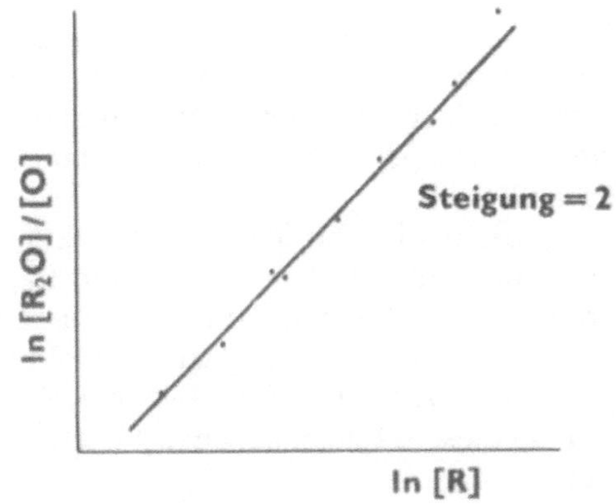

Abb. 4.13. Die Analyse der sigmoiden Bindungskurve. Gleichung (4) lautet in anderer Schreibweise: $[R_2O]/[O] = [R]^2/K$ und damit: $\ln[R_2O]/[O] = 2\ln[R] - \ln K$. Eine graphische Darstellung von $\ln[R_2O]/[O]$ gegen $\ln[R]$ ergibt eine *Gerade* mit der *Steigung 2.* Wäre der bindende Faktor ein Tetramer, so hätte die *Gerade* eine *Steigung von 4.* Die vorliegende Gerade ist lediglich eine andere Darstellungsform der sigmoiden Kurve aus Abb. 4.12

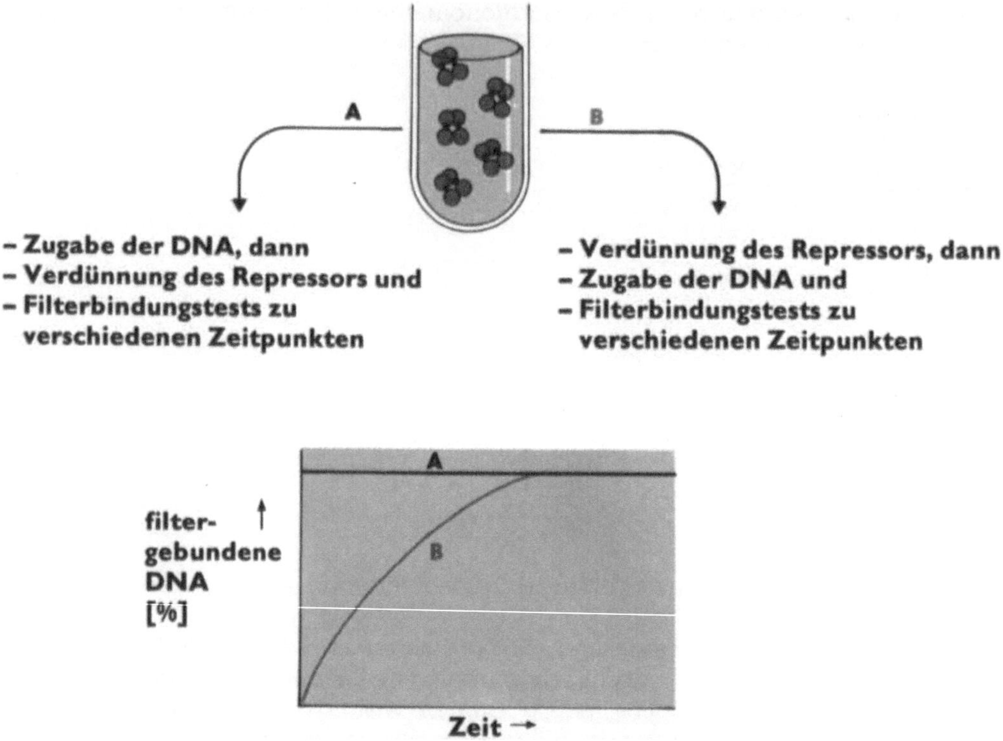

Abb. 4.14. Reihenfolge von Dimerisierung und DNA-Bindung des Repressors. Das monomere Protein bindet erst an die DNA, wenn es Dimere gebildet hat. Der Dimerisierungsprozeß verläuft langsam, wenn die Konzentration an Monomeren niedrig ist. Die DNA-Bindung der Dimere läuft dagegen rasch ab. Liegt die DNA bereits vor, so können die Dimere binden, bevor sie wieder auseinanderfallen

Das Repressordimer bildet sich vor der Bindung an die DNA

In Abb. 4.14 wird ein Experiment beschrieben, das die Reihenfolge zwischen der Dimerisierung des Repressors und seiner Bindung an die DNA kinetisch untersucht. Zwei puffergefüllte Reaktionsgefäße, von denen eines die markierte Operator-DNA enthält, werden mit einem Aliquot einer konzentrierten Lösung des Repressors versetzt, so daß die Proteinlösung dabei z.B. um 2 Zehnerstufen verdünnt wird. Nach ein paar Augenblicken wird dann auch in das andere Reaktionsgefäß markierte Operator-DNA gegeben. Die Mischungen werden anschließend filtriert, und die Menge an entstandenem Repressor-Operator-Komplex wird bestimmt.

Für die beiden Ansätze erhält man auffallend unterschiedliche Ergebnisse. Gibt man zuerst die DNA und dann den Repressor ins Reaktionsgefäß, so bindet das Protein weitgehend an die DNA; in der umgekehrten Reihenfolge bindet der Repressor zunächst kaum an die DNA. Wenn wir später zu verschiedenen Zeitpunkten Proben aus den beiden Röhrchen untersuchen, finden wir, daß langsam (in diesem Falle nach etwa 1 h) auch der verdünnte Repressor an die DNA bindet.

Wir interpretieren dieses Ergebnis wie folgt: In der konzentrierten Lösung liegt der Repressor zu einem wesentlichen Teil als Dimer vor. Wenn er zu einer Lösung gegeben wird, die schon DNA enthält, so binden die Dimere schnell an den Operator, noch bevor sie in Monomere dissoziieren können. Wenn aber noch keine DNA anwesend ist, dissoziieren die Dimere so lange in Monomere, bis die Konzentration an Dimeren auf den wesentlich niedrigeren Gleichgewichtswert abgesunken ist, wie er für die verdünntere Lösung charakteristisch ist. Wird jetzt DNA zugefügt, so bindet der Repressor nur langsam an die Operatoren; der geschwindigkeitsbestimmende Schritt ist dabei die Bildung der Dimeren als Zwischenstufe.

Messungen des Monomer-Dimer-Gleichgewichts entsprechend Gleichung (2) ergeben einen Wert von $K_1 = 2 \cdot 10^{-8}$ mol/l. Aus dieser Zahl und aus der Menge an Repressor, die man einsetzen muß, um halbmaximale DNA-Bindung zu erreichen (ein Experiment entsprechend Abb. 4.12), können wir nach Gleichung (4) für die Bindung des Repressors an o_R1 den Wert von K_2 mit $3 \cdot 10^{-9}$ mol/l berechnen (unter Reaktionsbedingungen, wie sie ungefähr in der Bakterienzelle herrschen, d.h. 0,2 mol/l KCl und 37 °C). Für die Situation der halbmaximalen DNA-Bindung gilt nämlich (s. o.)

$$[O] = [R_2O],$$

und damit wird aus Gleichung (4)

$$K_1K_2 = [R]^2.$$

Für [R], die Gleichgewichtskonzentration an freiem Repressormonomer, kann die Gesamtkonzentration an benötigtem Repressormonomer eingesetzt werden, da die Konzentration des operatorgebundenen Repressors im Vergleich zu [R] vernachlässigbar klein ist. – Die mittlere Lebensdauer eines Repressor-Operator-Komplexes beträgt unter solchen Umständen nur Sekunden. Bei niedrigeren Temperaturen oder niedrigeren Salzkonzentrationen ist die Bindung fester, und die Lebensdauer des Komplexes beträgt Minuten und sogar Stunden.

Literatur: [1, 4, 51].

Die Aminodomänen stellen den Kontakt zur DNA her

Eine sehr wertvolle Methode zur Untersuchung von Protein-DNA-Wechselwirkungen ist die sog. *Footprinting*technik. Abb. 4.15 illustriert das Prinzip. Ein spezifisch an die DNA gebundenes Protein schützt den Bereich seiner Bindung gegen eine Spaltung durch DNase, ein Enzym, das in der DNA zufällig verteilte Einzelstrangbrüche erzeugt. In der Praxis geht man üblicherweise von einem doppelsträngigen DNA-Fragment aus, das an dem einen Ende eines Stranges mit ^{32}P markiert ist. Man gibt zur DNA nur soviel DNase zu, daß jedes Molekül nicht mehr als einmal geschnitten wird. Anschließend wird die DNA denaturiert und gelelektrophoretisch aufgetrennt.

Im Gel bildet sich ein Leitermuster aus: Jede Sprosse entspricht einem DNA-Einzelstrangfragment, das 1 Base weiter vom markierten Ende entfernt geschnitten wurde als das Fragment der nächst niedrigeren Sprosse. Wird das Experiment dann in Anwesenheit des Repressors wiederholt, so findet man im Leitermuster

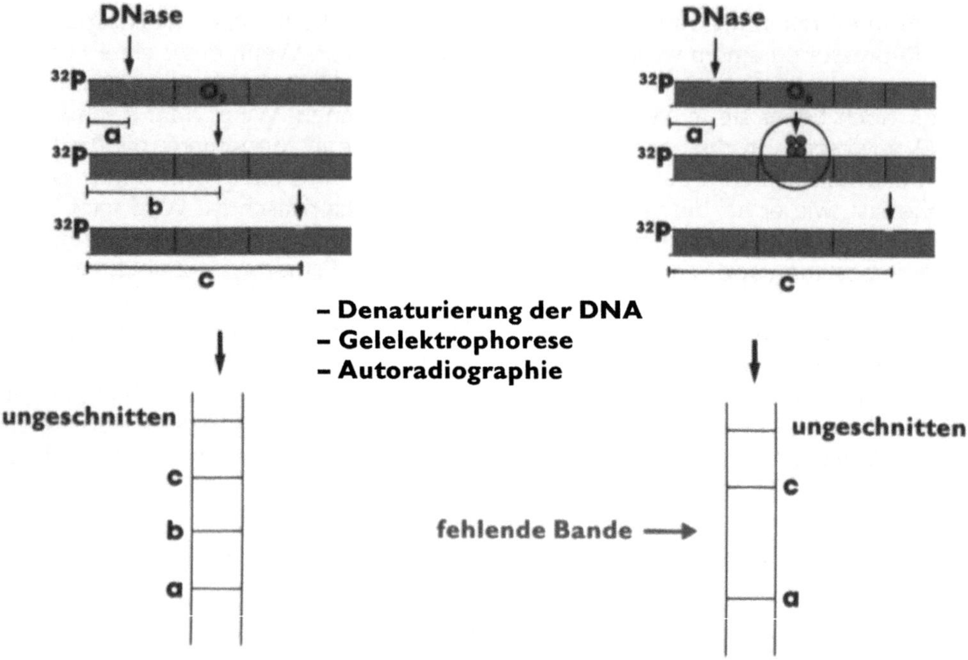

Abb. 4.15. Ein DNase-*Footprinting*experiment. Da in diesem Experiment die Endprodukte autoradiographisch nachgewiesen werden, ist der unmarkierte DNA-Strang nicht zu sehen. In einem realen Experiment tritt eine Vielzahl von Banden auf. Jede rührt von einem markierten DNA-Molekül her, das um 1 Base länger ist als das Molekül, das der nächst niedrigeren Bande entspricht

Lücken – sozusagen Fußabdrücke (*footprints*) – an den Stellen, die der Repressor auf der DNA abgedeckt hatte. Mit anderen Worten: Wo der Repressor bindet, kann die DNase nicht schneiden; daher fehlen die Fragmente, die durch einen Schnitt an dieser Stelle erzeugt würden.

Eine verwandte Methode zur Untersuchung von Protein-DNA-Wechselwirkungen setzt das Methylierungsmittel Dimethylsulfat (DMS) ein. DMS koppelt Methylgruppen an doppelsträngige DNA, v.a. an die beiden Basen Guanin und Adenin. Guanin wird an einer Position methyliert, die von der großen Furche aus zugänglich ist (Stickstoffatom Nr. 7 nach der Standardnumerierung), beim Adenin findet die Methylierung an einer Stelle statt, die in der kleinen Furche exponiert ist (Stickstoffatom Nr. 3).

Durch die *DMS-Methylierung* wird die DNA leicht spaltbar. Das Brechen der Moleküle an den modifizierten Stellen führt wieder zu einer Leiter im Gel, deren Stufen den Positionen eines methylierten Adenin oder Guanin entsprechen. Der gebundene Repressor kann Basen vor der Methylierung schützen und so einen Hinweis darauf geben, welche Basenpaare durch die Bindung des Proteins abgedeckt sind. – Gelegentlich kommt es vor, daß ein Protein aus unbekannten Gründen an einzelnen Basen der DNA die Methylierungsrate (beim DMS-*Footprinting*) oder die Spaltungshäufigkeit (beim DNase-*Footprinting*) erhöht.

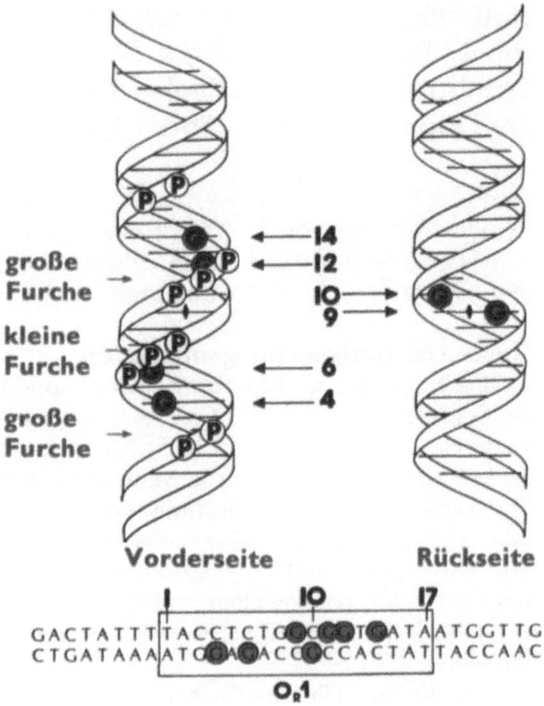

Abb. 4.16. Kontaktstellen des Repressors im Bereich einer Bindungsstelle. In der Nukleotidsequenz des Operatorelements (unten im Bild) sind diejenigen Guaninbasen mit *Kreisen* markiert, die von dem Repressor vor der Methylierung mit Dimethylsulfat geschützt werden. Diese geschützten Basen sind auch in das Doppelhelixmodell eingezeichnet. Vier von ihnen liegen gut sichtbar in der *großen Furche* auf der Vorderseite der Helix, eine weitere (Position 11) ist verdeckt. Alle diese 5 Guaninbasen befinden sich auf derselben Seite der Doppelhelix und werden von der α-Helix berührt, die sich von vorne in die *große Furche* legt. Die beiden übrigen Guaninbasen (Position 9 und 10), die vom Repressor geschützt werden, befinden sich auf der Rückseite der DNA-Helix. Die Phosphatgruppen, mit denen der Repressor in Kontakt tritt, sind ebenfalls eingezeichnet. Der Rhombus gibt die 2zählige Symmetrieachse des Operatorelements an.

Beim DNase-*Footprinting* deckt der Repressor das 17 Basenpaare große Operatorelement sowie rechts und links davon noch ein paar weitere Basen gegen die Enzymspaltung ab. Er schützt die Guaninbasen innerhalb des Operatorelements vor DMS-Methylierung, nicht aber diejenigen außerhalb dieses DNA-Abschnittes (s. Abb. 4.16). Die Methylierung von Adenin wird durch das gebundene Protein nicht beeinflußt; das bestätigt die Vorstellung, daß der Repressor die große und nicht die kleine Furche der Operator-DNA ausfüllt.

In diesem Zusammenhang ist wichtig, daß die isolierten Aminodomänen sich wie intakte Dimere verhalten, wenn man einmal davon absieht, daß die schützende Wirkung erst bei höheren Konzentrationen dieser Proteinfragmente eintritt. Der einzige Beitrag der Carboxyldomäne zur Bindung des Dimers an ein einzelnes Operatorelement besteht also darin, daß sie die Bindungsstärke durch das Zusammenhalten der beiden Aminodomänen erhöht. Auch ein anderes Experiment zeigt, daß in der Zelle die Aminodomänen ohne Carboxyldomänen an den Operator binden können: Es gibt eine Bakterienmutante, die große Mengen eines verstümmelten Repressors produziert, bestehend aus den Aminosäuren 1–92; diese Mutante ist immun gegen Überinfektion mit λ-Phagen.

Literatur: [23, 45, 58].

Im Bereich des rechten Operators gibt es 3 Bindungsstellen von 17 Basenpaaren Länge. Die Bindung des Repressors und des Cro-Proteins an diese Stellen findet auf derselben Seite der Doppelhelix statt (Abb. 1.16 und 1.22)

Untersucht man die DNA-Sequenz des rechten Operators o_R, so finden sich 3 Sequenzelemente von 17 Basenpaaren Länge, die einander sehr ähnlich sind und jeweils eine nicht ganz perfekte 2 zählige Rotationssymmetrie aufweisen. Auch der linke Operator o_L besitzt 3 derartige Bindungsstellen (Tabelle 2.1).

Chemische Untersuchungsmethoden
In Filterbindungs- und in *Footprinting*experimenten hat sich gezeigt, daß sowohl der Repressor als auch das Cro-Protein an jedes einzelne dieser Sequenzelemente binden können, wenn man es von den beiden anderen Bindungsstellen isoliert. Beide Proteine verhindern die Methylierung von Guaninbasen, die im Bereich der Bindungsstelle auf einer bestimmten Seite der Helix liegen. Diese Basen sind im linken Teil der Abb. 4.16 eingezeichnet. Im Gegensatz zum Cro-Protein schützt der Repressor noch 1 oder 2 weitere Guaninbasen auf der Rückseite der Doppelhelix nahe der Mitte der jeweiligen Bindungsstelle. Wie wir später sehen werden, sind es die flexiblen Arme des λ-Repressors, die diese Kontakte zur Rückseite der DNA herstellen.

Mit Hilfe von Nitrosoethylharnstoff lassen sich diejenigen Phosphatgruppen in der DNA-Kette identifizieren, die mit einem DNA-gebundenen Protein in Wechselwirkung treten. In Abb. 4.16 sind die Phosphatgruppen markiert, die von dem an o_R1 gebundenen Repressor berührt werden. Sie befinden sich alle auf derselben Seite der Doppelhelix. Einige dieser Phosphatgruppen haben auch mit dem Cro-Protein Kontakt: Vom Zentrum des Operatorelements aus gesehen, sind es die 6 inneren Phosphatgruppen, die 4 äußeren dagegen nicht. Für beide Proteine, Repressor und Cro, gilt, daß die Phosphatgruppen, mit denen sie in Wechselwirkung treten, symmetrisch um das zentrale Basenpaar des Operatorelements angeordnet sind.

Der Nachweis von Phosphatkontaktstellen mit Nitrosoethylharnstoff beruht auf einem Prinzip, das als *Ethylierungsinterferenz* bezeichnet wird. Untersucht wird, welche Auswirkung das Anhängen einer Ethylgruppe an verschiedene Phosphatgruppen der DNA-Kette auf die Bindung eines Proteins hat. Das Ergebnis eines Nitrosoethylharnstoff-Experiments wird oft so formuliert, daß eine bestimmte Phosphatgruppe mit dem Protein Kontakt habe; gemeint ist damit jedoch, daß die Ethylierung dieser Phosphatgruppe die Bindung des Proteins verhindert.

Literatur: [29, 30, 31, 32, 61].

Mutationen in der Operator-DNA
Die Affinität des Repressors zu einer Bindungsstelle läßt sich an vielen Stellen der 17-Basenpaar-Sequenz durch Substitution eines Nukleotidpaares senken. λ*vir* ist eine Gruppe von Phagenmutanten, die sich auch in Anwesenheit des λ-Repressors lytisch vermehren; die Phagen tragen Mutationen in verschiedenen Repressorbindungsstellen. Der erste λ*vir*-Phage, der isoliert wurde, besaß Mutationen in den

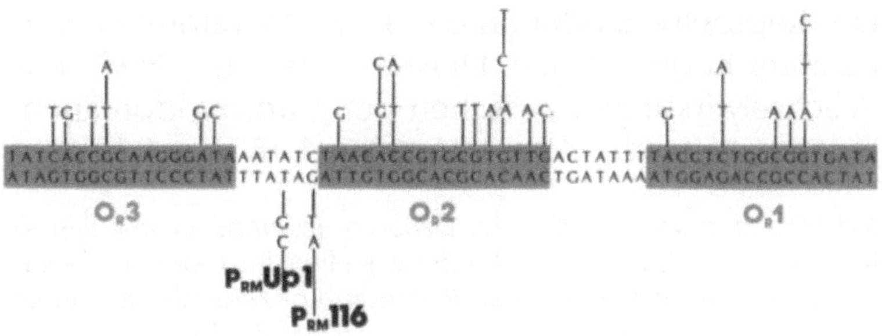

Abb. 4.17. Mutationen in der DNA-Sequenz des Operators o_R (vgl. die Sequenzen in Tabelle 2.2.). Mutationen an Position 3 schwächen vor allem die Bindung des Cro-Proteins, aber nicht die des Repressors; umgekehrt schwächen Mutationen an Position 8 und 9 die Bindung des Repressors, aber nicht des Cro-Proteins. Änderungen an den verbleibenden Positionen im Operator schwächen die Bindung beider Proteine. Bei der Mutante $p_{RM}Up$-*1* ist p_{RM} auch in Abwesenheit des Repressors aktiv, bei p_{RM}*116* bleibt p_{RM} inaktiv

o_L1-, o_R*1*- und o_R*2*-Sequenzen. Geht man von dieser λ *vir*-Mutante aus und selektioniert auf solche Phagen, die sich bei noch höheren Repressorkonzentrationen vermehren, als in einem lysogenen Bakterium zu finden sind, dann erhält man Mutanten, die außer den genannten noch weitere veränderte Operator-Bindungsstellen aufweisen.

Abb. 4.17 zeigt einige der Mutationen, die im o_R-Bereich gefunden wurden. Fast an jeder Position im Operator schwächt eine Mutation die Bindung des Repressors bzw. des Cro-Proteins. Veränderungen an den Positionen 2, 4 und 6 der verschiedenen Operatorelemente (bzw. ihrer Halbsequenzen; vgl. Tabelle 2.2) wirken sich am stärksten auf die Bindung des Repressors aus; es sind dies auch diejenigen Positionen, die am höchsten konserviert sind (Tabelle 2.2). Die Basen an den übrigen Positionen sorgen dafür, daß Repressor und Cro-Protein zwischen den verschiedenen Bindungsstellen im Operator unterscheiden können (Abb. 2.11). Mutationen im Bereich zwischen 2 solchen Operatorelementen, z. B. p_{RM}Up-1 und p_{RM}*116*, wirken sich auf die Bindung der beiden Proteine nicht aus.

Literatur: [2].

Bindung des Repressors an ringförmige und an lineare DNA

Die Bindung des Repressors an o_R*1* ist für lineare DNA und für ringförmige DNA mit negativem Twist (Supercoil-DNA) gleich stark. Daraus läßt sich schließen, daß der Repressor die DNA-Struktur nicht wesentlich ändert – eine Interpretation, die durch die kristallographische Untersuchung des Repressor-Operator-Komplexes bestätigt wird (s. unten). Würde der Repressor bei seiner Bindung die DNA z. B. um 1 Drehung entwinden, so müßte seine Affinität zur getwisteten DNA viel größer sein als zur linearen DNA.

Literatur: [37].

Der Repressor bindet an die 3 o_R-Operatorelemente mit alternativ paariger Kooperativität. Dieser kooperative Effekt kommt durch Wechselwirkungen zwischen den Carboxyldomänen benachbarter Dimere zustande (Abb. 1.16, 1.17, 1.18 und 1.19)

Mit Hilfe der DNase- oder der DMS-*Footprinting*technik läßt sich die Affinität des Repressors zu jeder der 3 Bindungsstellen im Operator bestimmen. Das Experiment wird mit verschiedenen Repressorkonzentrationen durchgeführt, um diejenige herauszufinden, bei der die Hälfte der Bindungsstellen besetzt und vor dem Angriff von Chemikalien oder Nuklease geschützt ist. Der kooperative Effekt zeigt sich in diesem Experiment, wenn man DNA-Moleküle mit 1, 2 oder 3 intakten o_R-Bindungsstellen einsetzt.

Beim λ-Wildtyp sind die Affinitäten des Repressors zu o_R1 und o_R2 ungefähr gleich groß, auch wenn die isolierten (intrinsischen) Affinitäten – bestimmt mit DNA-Molekülen, die jeweils nur eine einzige Bindungsstelle besitzen – sich um mehr als das 10fache unterscheiden (Abb. 4.18). Mit anderen Worten, bei der Wildtyp-DNA erfolgt die gleichzeitige Bindung des Repressors an o_R1 und o_R2 in einer kooperativen Weise. Die Affinität des Proteins zur Bindungsstelle o_R3 ist nur dann größer als die entsprechende intrinsische Affinität, wenn o_R1 mutiert ist. In diesem Falle bindet der Repressor nämlich in kooperativer Weise an o_R2 und o_R3.

Auch an die 3 Bindungsstellen von o_L bindet der Repressor nach dem Prinzip der alternativ paarigen Kooperativität. Wie bei o_R ist die intrinsische Affinität für o_L1 am größten und für o_L2 und o_L3 ungefähr gleich groß. Beim Wildtyp bindet der Repressor daher gleichzeitig an o_L1 und o_L2; ist o_L1 mutiert, so bindet er kooperativ an o_L2 und o_L3.

Die Affinitäten der Repressor-Aminodomäne zu den 3 o_R-Operatorelementen entsprechen in ihrer Reihenfolge den Affinitäten des Proteinfragments zu den einzelnen, isolierten Bindungsstellen. Die Entfernung der Carboxyldomänen hat also

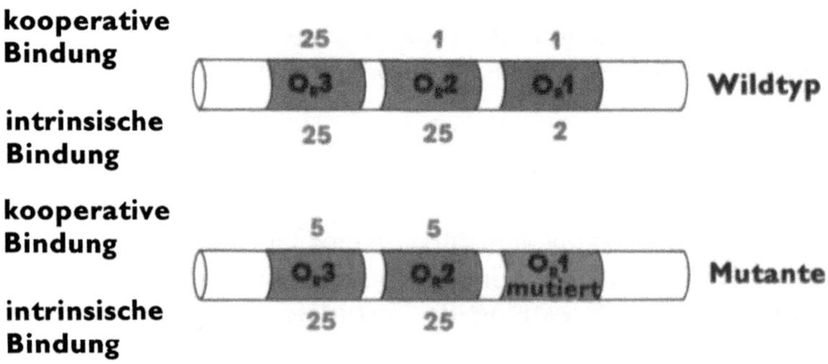

Abb. 4.18. Affinität das intakten Repressors zu den 3 Operatorelementen. Die Zahlen geben die relative Menge von Repressordimeren an, die nötig ist, um jede Bindungsstelle im *Footprinting*experiment halbmaximal zu schützen. Diese Zahlen sind proportional zu den Dissoziationskonstanten. Werden die Bindungsstellen künstlich voneinander getrennt, so findet man für die Affinitäten andere Werte, als wenn die Operatorelemente zusammenhängen: Man spricht von den *intrinsischen* Affinitäten, den Affinitäten *an sich*. Der Unterschied zeigt, daß die Bindung an zusammenhängende Erkennungsstellen in kooperativer Weise erfolgt. Es besteht jedoch kein Unterschied zu den intrinsischen Affinitäten, wenn man anstelle des vollständigen Repressors die isolierten Aminodomänen einsetzt

keine Auswirkung auf die Fähigkeit des Repressors, zwischen den 3 Operatorelementen zu unterscheiden, aber sie verhindert das Auftreten des kooperativen Effektes, der sich bei der Bindung von Dimeren an benachbarte Bindungsstellen einstellt. Die Energie der Wechselwirkung zwischen 2 DNA-gebundenen Repressordimeren beträgt etwa −2 kcal.

Wie wir noch sehen werden, hat das Prinzip der alternativ paarigen Kooperativität drastische Auswirkungen auf die Genexpression in vivo.

Literatur: [10, 33].

In einem lysogenen Bakterium sind die Bindungsplätze o_R1 und o_R2 normalerweise vollständig mit Repressor besetzt. Das Protein schaltet dadurch die rechtsgerichtete Transkription des *cro*-Gens ab und stimuliert zugleich die linksgerichtete Transkription des *cI*-Gens. Wenn seine Konzentration steigt, bindet der Repressor zusätzlich an o_R3 und schaltet seine eigene Transkription ab (Abb. 1.16 und 1.19)

Diese Schlußfolgerung basiert z.T. auf einer Serie von Experimenten, in denen untersucht werden sollte, wie sich die Bindung des Repressors einzeln an jedes der 3 Operatorelemente auf die Aktivität der Promotoren p_R und p_{RM} in vivo auswirkt. Die Ergebnisse sind in Abb. 1.12 (Repressorbindung an o_R2), Abb. 1.13 (Bindung an o_R1) und Abb. 1.14 (Bindung an o_R3) dargestellt.

Abb. 4.19 beschreibt die Bakterienstämme, die eigens für diese Serie von Experimenten konstruiert wurden. Der 1. Schritt war die Isolierung eines DNA-Segments mit den beiden λ-Promotoren p_R und p_{RM}. Dieses Fragment wurde mit dem *lacZ*-Gen, dessen eigener Promotor deletiert war, so verbunden, daß die Transkription des *lacZ*-Gens in einem Fall von p_{RM} gesteuert wurde (in der Abbildung die Zelle *A*), im anderen Fall von p_R (Zelle *B*). Das Genprodukt von *lacZ*, die β-Galaktosidase, läßt sich leicht messend verfolgen. Die ersten Plasmidkonstruktionen dieser Art besaßen noch die Wildtypsequenz von o_R; spätere Versionen hatten nur noch 1 oder 2 funktionierende Repressorbindungsstellen, die anderen waren durch Mutationen ausgeschaltet worden.

Beide Zellen in Abb. 4.19 enthalten außerdem noch ein Plasmid mit dem Gen für den λ-Repressor; dessen Expression kann so reguliert werden, daß sich unterschiedliche Repressorkonzentrationen einstellen. Zu diesem Zweck steht das *cI*-Gen auf diesem Plasmid unter der Kontrolle des *lac*-Promotors (*plac*). Außerdem befindet sich auf demselben DNA-Molekül noch das Gen für den *lac*-Repressor (*lacI*), der den *lac*-Promotor abschaltet. Die Menge an λ-Repressor, die von diesem Plasmid synthetisiert werden soll, läßt sich durch Gabe von IPTG regeln, einer Substanz, die den *lac*-Repressor inaktiviert, dadurch die Repression des *lac*-Promotors aufhebt und so die Synthese des λ-Repressors steigert.

Unter normalen Bedingungen werden die Aktivitäten von p_{RM} und p_R durch die Produkte der abhängigen Gene *cI* und *cro*, also durch Repressor und Cro-Protein, in Rückkopplung reguliert. Die β-Galaktosidase in unseren Experimenten hat jedoch auf keinen der beiden Promotoren einen Einfluß; damit wäre der komplizierende Effekt der Rückkopplung ausgeschaltet.

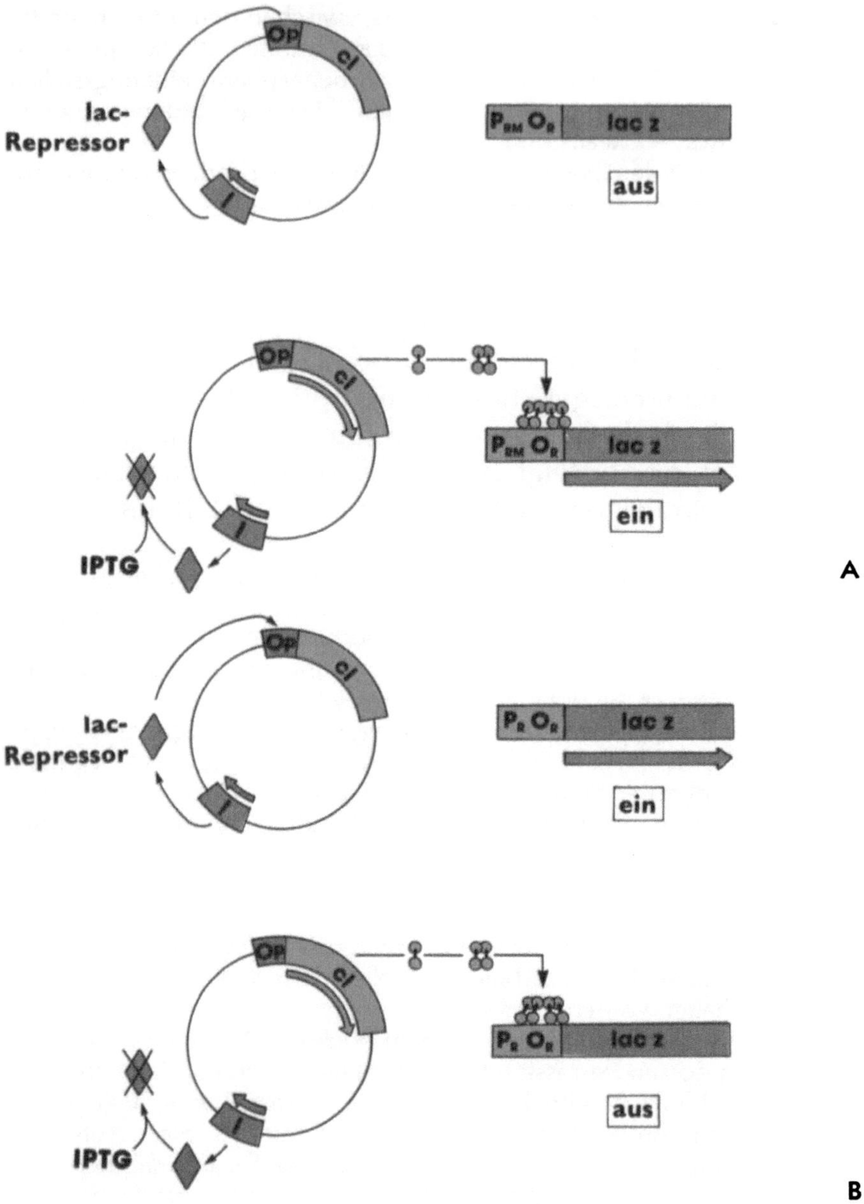

Abb. 4.19. Unterschiedliche Wirkung des λ-Repressors auf die Promotoren p_{RM} und p_R. Die Zellen *A* (obere Hälfte der Abbildung) und *B* (untere Hälfte) enthalten beide das gleiche Plasmid, das eine Genkonstruktion zur Synthese des λ-Repressors unter Regulation durch den *lac*-Repressor trägt. In den Zellen befindet sich außerdem noch das *lacZ*-Gen, fusioniert mit der Promotorsequenz von p_{RM} (Zelle *A*) bzw. p_R (Zelle *B*). Je mehr IPTG zugegeben wird, desto mehr λ-Repressor wird hergestellt. Die Menge an *lacZ*-Genprodukt (β-Galaktosidase) in den Zellen, die unter verschiedenen IPTG-Konzentrationen gewachsen sind, ist dann ein Maß für die unterschiedliche Empfindlichkeit der beiden Promotoren gegenüber dem λ-Repressor. *Op* bezeichnet den *lac*-Operator, der zusammen mit dem *lac*-Promotor vor das *cI*-Gen gesetzt wurde

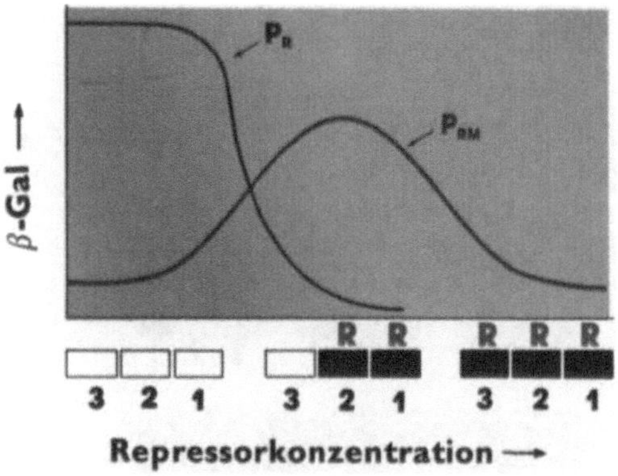

Abb. 4.20. Regulation durch den Repressor in vivo. Diese Kurve faßt die Ergebnisse zweier Experimente zusammen, die mit den Zellen aus Abb. 4.19 durchgeführt wurden. In beiden Fällen wurde die Produktion an β-Galaktosidase in Abhängigkeit von der IPTG-Konzentration bestimmt. Die Werte für halbmaximale Repression bzw. Aktivierung liegen bei derselben IPTG-Konzentration und folglich auch bei derselben Repressorkonzentration. Die Repressorkonzentration, die für eine maximale Aktivierung von p_{RM} benötigt wird, ist fast so groß wie diejenige, die man im lysogenen Bakterium findet. Die *Kästchen* zeigen die Situation an den Bindungsstellen bei verschiedenen Repressorkonzentrationen an: Ein *schwarzes Kästchen* bedeutet, daß das Operatorelement mit Repressor besetzt ist

Das Experiment macht klar, wie sich die Bindung des Repressors an die einzelnen o_R-Operatorelemente auf die Aktivität der Promotoren p_R und p_{RM} auswirkt: Niedrige Konzentrationen des λ-Repressors stimulieren p_{RM}, hohe Konzentrationen reprimieren ihn (Abb. 4.20). Aus der Abbildung ergibt sich außerdem, daß der λ-Repressor die p_R-abhängige Transkription ab- und zugleich die p_{RM}- abhängige Transkription anschaltet; bei einer bestimmten Repressorkonzentration ist p_R halbmaximal reprimiert und p_{RM} halbmaximal aktiviert. Die volle Aktivierung von p_{RM} entspricht einer Repressorkonzentration, wie sie ungefähr in einem lysogenen Bakterium gefunden wird. Der Promotor p_R ist dann zu mehr als 99% reprimiert.

Welche o_R-Bindungsstellen werden vom Repressor besetzt, wenn er p_R reprimiert und zugleich p_{RM} erst an- und dann abschaltet? Dazu wurden wieder Experimente entsprechend Abb. 4.20 durchgeführt, aber jetzt mit λ-Operatoren, die Mutationen in je 2 ihrer Operatorelemente trugen. Die Mutationen führten dazu, daß der Repressor an diese beiden Stellen nicht mehr binden konnte, ließen aber die Promotoren unbeschädigt. Die Experimente sollten zeigen, was geschieht, wenn der Repressor nur an 1 Operatorelement bindet; die Ergebnisse sind in Abb. 4.21 dargestellt.

- o_R2^- o_R3^-. Der Repressor bindet an o_R1: p_R wird abgeschaltet, p_{RM} wird nicht aktiviert (Abb. 4.21 a).
- o_R1^- o_R2^-. Der Repressor bindet an o_R3: p_{RM} wird nicht aktiviert, p_R wird nicht reprimiert (Abb. 4.21 b).
- o_R1^- o_R3^-. Der Repressor bindet an o_R2: p_{RM} wird aktiviert, p_R wird reprimiert (Abb. 4.21 c).

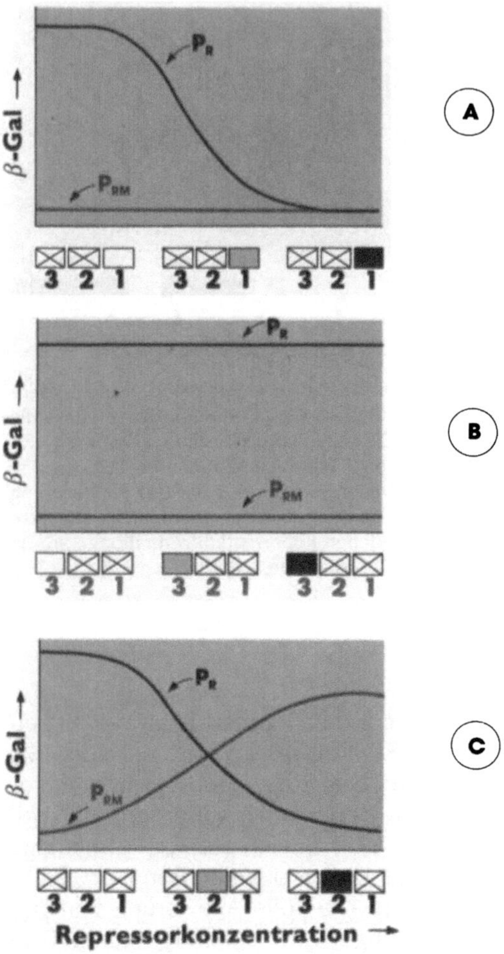

Abb. 4.21. Regulation durch den Repressor in vivo, wenn nur 1 Bindungsstelle existiert. Diese Kurven fassen die Ergebnisse von Experimenten ähnlich wie in Abb. 4.20 zusammen; diesmal wurden jedoch mutierte Operatoren eingesetzt. Die Kurven beschreiben die Auswirkung des Repressors auf p_R und p_{RM}, wenn er an o_R1 *(a)*, an o_R3 *(b)* oder an o_R2 *(c)* bindet. Die Markierung eines Kästchens mit *X* bedeutet, daß die entsprechende Stelle mutiert ist und der Repressor dort nicht binden kann. Eine *graue* oder eine *schwarze Markierung* zeigen an, daß die Bindungsstelle teilweise bzw. vollständig durch den Repressor besetzt ist

Tabelle 4.2 faßt noch einmal schematisch zusammen, welche Aktivität die Promotoren p_R und p_{RM} zeigen, wenn nur 1 Repressordimer an den Operator o_R bindet.

Beim Vergleich von Abb. 4.21 mit Abb. 4.20 sieht man, wie sich bei der Bindung des Repressors an 2 benachbarte Operatorelemente der kooperative Effekt auswirkt. Beispielsweise kann im Falle von mutierten o_R1- und o_R3-Sequenzen der Repressor nur an o_R2 binden. Er aktiviert zwar p_{RM} und reprimiert auch p_R; um aber diese Aktivierung bzw. diese Repression zustande zu bringen, wird mehr Repressor benötigt als beim Wildtypoperator. Das liegt daran, daß sich der helfende kooperative Effekt aufgrund der Mutationen nicht einstellen kann und der Repressor jetzt ohne die Hilfe eines o_R1-gebundenen Repressors allein an o_R2 binden muß.

Eine dramatische Auswirkung des kooperativen Effektes zeigt sich besonders, wenn man das Experiment von Abb. 4.20 mit einem DNA-Fragment durchführt, das eine Mutation in der o_R1-Sequenz trägt und in o_R2 und o_R3 die Wildtypsequenzen

Tabelle 4.2. Auswirkung der Repressorbindung an o_R, wenn nur 1 intakte Bindungsstelle existiert. Ohne Repressor ist p_{RM} abgeschaltet (inaktiv) und p_R angeschaltet, wie in der obersten Reihe angegeben

p_{RM}	o_R3	o_R2	o_R1	p_R
aus				an
aus			X	aus
an		X		aus
aus	X			an

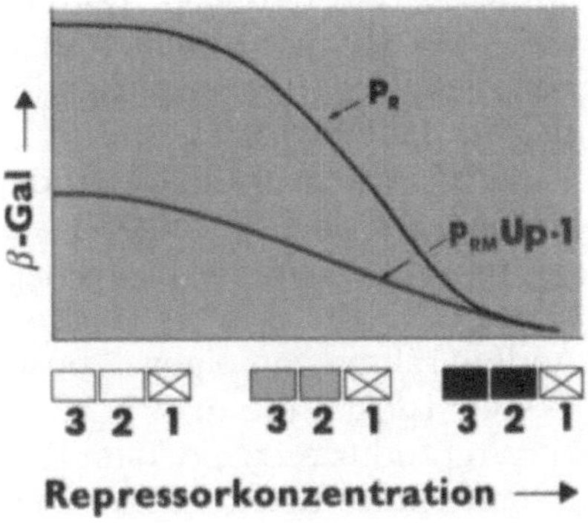

Abb. 4.22. Auswirkungen der alternativ paarigen Kooperativität in vivo. Analog zu Abb. 4.21 zeigt dieses Experiment, welche Wirkung der Repressor auf p_R und $p_{RM}Up\text{-}1$ besitzt, wenn er in kooperativer Weise an o_R2 und o_R3 bindet (Mutation in o_R1)

aufweist. Das *lacZ*-Gen wird diesmal an einen mutierten Promotor mit Namen p_{RM}Up-1 gekoppelt, der auch ohne Anwesenheit des Repressors aktiv ist. Mit dieser Mutante kann man auf einfache Weise die negativen und positiven Auswirkungen des Repressors auf die Funktion von p_{RM} untersuchen. Abb. 4.22 zeigt das erstaunliche Ergebnis: Im Falle der o_R1^--Mutante wird p_{RM} schon bei einer Repressorkonzentration reprimiert, die nur wenig höher ist als diejenige, bei der der Promotor normalerweise aktiviert wird.

Durch die Mutation von o_R1 ist die Affinität des Repressors zu o_R3 scheinbar gestiegen; tatsächlich wirkt sich hier aber der Effekt der alternativ paarigen Kooperativität aus. Der Repressor bindet nämlich im Falle der o_R1^--Mutante kooperativ an o_R2 und o_R3, und die o_R3-Bindungsstelle wird deshalb schon bei einer Repressorkonzentration besetzt, bei der sie im Wildtypoperator noch unbesetzt bliebe. – Wie erwartet bestätigt das Experiment darüberhinaus, daß ein an o_R2 und o_R3 gebundener Repressor den Promotor p_R abschaltet. Aufgrund des kooperativen Effektes bei der Bindung an die beiden Operatorelemente wird dazu weniger Repressor benötigt, als wenn nur o_R2 für die Bindung zur Verfügung stände.

Diese und weitere Experimente, in vivo durchgeführt, zeigen auf, wie sich die Bindung des Repressors an Operatoren mit 1, 2 oder 3 funktionalen Bindungsstellen auswirkt. Zusammen mit den Ergebnissen der In-vitro-Experimente (Tabelle 4.2) ergibt sich jetzt ein zusammenhängendes Bild vom Wechselspiel zwischen Repressor und Operator:

Wir nehmen an, daß es in vivo 2 wesentliche Konstellationen zwischen dem Operator o_R und dem Repressorprotein CI gibt. Im lysogenen Zustand bindet der

Tabelle 4.3. Die beiden physiologisch wichtigen Zustände, die auftreten können, wenn der Repressor an o_R bindet. Die obere Zeile beschreibt die Situation, wie sie in einem lysogenen Bakterium am häufigsten zu finden ist: Der Repressor hat o_R1 und o_R2 besetzt, p_{RM} ist angeschaltet, und p_R ist abgeschaltet

p_{RM}	o_R3	o_R2	o_R1	p_R
an		X	X	aus
aus	X	X	X	aus

Repressor bei normalen Konzentrationen ganz überwiegend kooperativ an o_R1 und o_R2; dadurch stimuliert er p_{RM} und reprimiert p_R. Bei höheren Konzentrationen bindet der Repressor dann nichtkooperativ auch an o_R3 und schaltet dadurch p_{RM} ab (Tabelle 4.3).

Zu den Mutationen, die in den vorhergehenden und den folgenden Abschnitten erwähnt sind, sei folgendes angemerkt: Einige von ihnen wurden in den Operatoren verschiedener λ*vir*-Phagen gefunden, die man durch Selektion erhalten hatte, d.h., die sich in Gegenwart des Repressors lytisch vermehren konnten. Andere rühren von eigens konstruierten Phagenmutanten her.

Viele Effekte, die man beim Repressor in vivo beobachten kann, lassen sich in vitro reproduzieren. So kann die gereinigte RNA-Polymerase die Gene transkribieren, die unter der Kontrolle von p_R stehen; die Transkription läßt sich durch den Repressor oder das Cro-Protein blockieren. Keines der beiden Proteine kann die Polymerase noch beeinflussen, wenn diese erst einmal an p_R gebunden hat – eine Beobachtung, die mit der Vorstellung übereinstimmt, daß die beiden Proteine mit der Polymerase um die Bindung kompetieren. Bei einer Repressorkonzentration, die ausreicht, um o_R1 und o_R2 zu besetzen, wird die Transkription von p_{RM} stimuliert, bei höheren Konzentrationen wird sie reprimiert. – Wir werden später noch auf den Repressor als positiven Regulator zurückkommen.

Literatur: [39, 41, 42, 43].

Cro bindet zuerst an o_R3, dann an o_R1 bzw. o_R2 und schaltet dadurch nacheinander p_{RM} und p_R ab (Abb. 1.23)

Entdeckung von Cro, dem λ-Antirepressor

Einer der ersten Hinweise auf die Existenz des Cro-Proteins war das Ergebnis des folgenden genetischen Experiments (Abb. 4.23): Im Genom eines λ-Prophagen, der eine temperatursensitive Mutation in seinem *cI*-Gen trug, wurde der größte Teil der Gene links von *cI* und rechts von *cro* deletiert. Die Anwesenheit eines intakten *cI*-Gens wurde dadurch nachgewiesen, daß die den Prophagen tragenden Zellen bei niedriger Temperatur (30 °C) gegen λ immun waren. Wurden sie jedoch bei 42 °C vermehrt – bei dieser Temperatur war der mutierte Repressor inaktiv – , so zeigten die Bakterien einen unerwarteten Phänotyp: Sie waren nicht nur wie erwartet nicht immun, sondern sogar *antiimmun*, d.h., der λ-Wildtyp, der sich bei 30 °C nicht auf diesem Stamm vermehren konnte, bildete bei 42 °C auf einem Rasen dieses Stammes ausschließlich klare Plaques. Hierbei handelte es sich um ein λ-spezi-

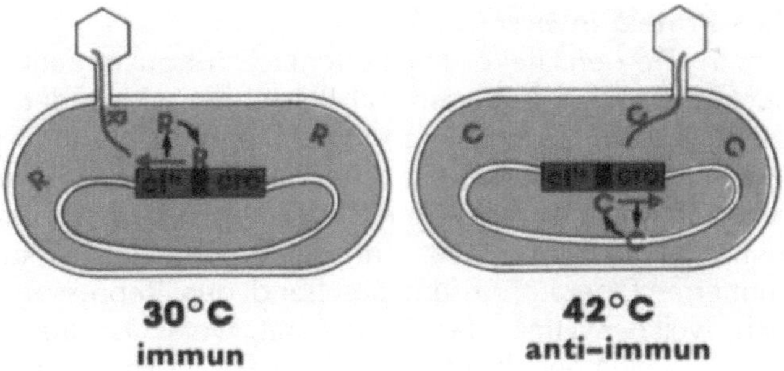

Abb. 4.23. Immunität und Antiimmunität. Der Repressor (R) in diesen Zellen enthält eine Mutation, die ihn bei 30 °C gut arbeiten läßt, die bei 42 °C jedoch zur Denaturierung führt. Bei der höheren Temperatur wird dadurch das *cro*-Gen angeschaltet; die Zelle kann aber nicht lysieren, weil alle anderen Phagengene deletiert worden sind. Infizierende Phagen werden durch das Cro-Protein (C) auf den Weg der lytischen Vermehrung gebracht. Läßt man die Bakterien wieder bei 30 °C wachsen, dann revertieren sie z.T. zum immunen Phänotyp

fisches Immunitätsphänomen; λ *imm*[434] z.B. bildete auf den Bakterien bei beiden Temperaturen normale, trübe Plaques.

Damit war die Schlußfolgerung unausweichlich, daß der verbliebene Rest des Phagengenoms für einen Faktor kodierte, der für die λ-Immunitätsregion spezifisch war und infizierende λ-Phagen sich lytisch vermehren ließ. Der Faktor erhielt unterschiedliche Namen: Ai (*anti-immunity*), Tof (*turn off*) und Cro (*control of repressor and other genes*) – Bezeichnungen, die sich auf den genannten Versuch oder auf andere, ähnliche Experimente bezogen. Wir wissen heute, daß ein einziges *cro*-Gen, von p_R aus transkribiert, genug Cro-Protein liefert, um eine Zelle antiimmun zu machen. Der antiimmune Phänotyp ist augenscheinlich die Konsequenz aus einer partiellen Repression von p_L und p_R durch das Cro-Protein und aus einer infolgedessen verminderten Expression von *cII* und *cIII*.

Interessant ist in diesen antiimmunen Zellen die Situation am rechten Operator und Promotor. Wenn das Cro-Protein bindet, schaltet es p_R ab; wachsen die Zellen dann und teilen sich, so sinkt die Cro-Konzentration, und p_R wird wieder angeschaltet. Es stellt sich der Zustand eines Fließgleichgewichtes ein, bei dem das Maß der Cro-Proteinsynthese gerade die zunehmende Verdünnung ausgleicht, so daß dadurch eine annähernd konstante Konzentration des Proteins erreicht wird. In dieser Situation reduziert Cro seine eigene Synthese, stellt sie aber nicht ein.

Mit Hilfe der Filterbindungs-Methode wurde Cro ursprünglich aus lytisch infizierten Zellen als ein Protein isoliert, das spezifisch an λ-DNA bindet. Das zugehörige Gen wurde kloniert und an Derivate des *lac*-Promotors gekoppelt. In Bakterien, die ein solches *cro*-Fusionsgen auf einem Plasmid tragen, läßt sich die Menge an synthetisiertem Cro-Protein unterschiedlich einstellen. Das Protein ist leicht aus denjenigen Zellen zu isolieren, die es in großen Mengen produzieren, d.h., bei denen der Anteil des Cro-Proteins an der gesamten Proteinmenge einige Prozent ausmacht. – Am Cro-Protein wurde eine Reihe biochemischer Untersuchungen vorgenommen, die zuvor schon mit dem Repressor durchgeführt worden waren.

Literatur: [19, 20, 22, 31, 44, 47, 56].

Cro-Protein in vivo

Um in vivo den Effekt verschiedener Cro-Konzentrationen auf p_{RM} und p_R zu untersuchen, wurden Bakterien mit Plasmiden verwendet, die Cro unter Kontrolle des *lac*-Repressors exprimieren. Die Ergebnisse von Experimenten ähnlich wie in Abb. 4.20 zeigen, daß Cro bei niedrigen Konzentrationen den Promotor p_{RM} abschaltet (nachgewiesen mit Hilfe von p_{RM}Up-1) und bei höheren Konzentrationen auch p_R (Abb. 4.24). Untersuchungen der Wirkungsweise von Cro mit Hilfe mutierter Operatoren (entsprechend den Repressorexperimenten) machen deutlich, welchen Effekt das Protein hat, wenn es einzeln an die verschiedenen o_R-Operatorelemente bindet (Tabelle 4.4): Das Cro-Protein wirkt wie der Repressor als negativer Regulator; an o_R1 oder o_R2 gebunden, schaltet es p_R ab, und von o_R3 aus schaltet es p_{RM} ab. Ein wichtiger Unterschied zum Repressor besteht darin, daß das an o_R2 gebundene Cro-Protein p_{RM} nicht stimuliert.

Kombinieren wir diese Ergebnisse mit dem, was wir über die Reihenfolge der Bindung des Cro-Proteins an die 3 o_R-Operatorelemente wissen (Abb. 1.23), dann resultieren daraus für die physiologisch wichtigen Konstellationen zwischen Operator und Cro-Protein die Angaben der Tabelle 4.5.

Literatur: [42].

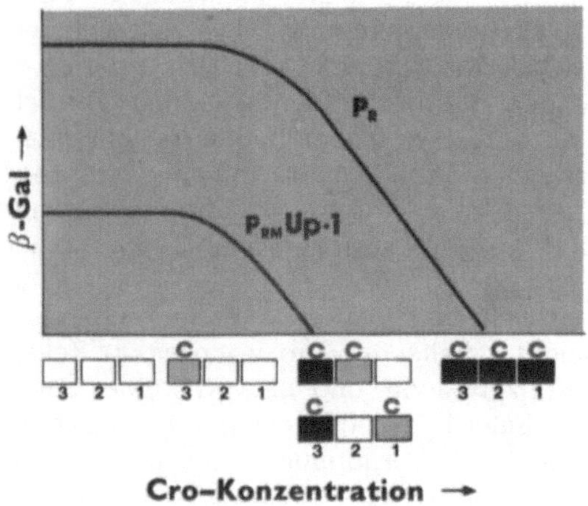

Abb. 4.24. Regulation durch Cro in vivo. Anstelle des *cI*-Gens kann das *cro*-Gen in die Bakterien von Abb. 4.19 eingebaut werden. Dann bewirkt Zugabe von IPTG die Synthese von Cro. Durch Verwendung eines p_R-*lacZ*- und eines p_{RM}*Up-1-lacZ*-Konstruktes können wir feststellen, daß Cro einen reprimierenden Effekt auf die beiden λ-Promotoren hat

Tabelle 4.4. Auswirkung der Cro-Bindung an o_R, wenn nur 1 intakte Bindungsstelle existiert. Da die Mutante p_{RM}*Up-1* verwendet wird, sind sowohl p_{RM} als auch p_R angeschaltet, wenn weder Cro noch der Repressor anwesend sind (oberste Zeile)

p_{RM}*Up-1*	o_R3	o_R2	o_R1	p_R
an				an
an			X	aus
an		X		aus
aus	X			an

Tabelle 4.5. Die physiologisch wichtigen Zustände, die auftreten können, wenn Cro an o_R bindet

$p_{RM}Up\text{-}1$	o_R3	o_R2	o_R1	p_R
an				an
aus	X			an
aus	X	X		aus
aus	X		X	aus
aus	X	X	X	aus

Cro-Protein in vitro

Cro bildet stabile Dimere, und die biochemischen Experimente geben keinen Hinweis auf mehr als 1 Strukturdomäne; diese Aussage wird durch die kristallographischen Untersuchungen bestätigt (s. Abb. 2.9). *Footprinting*experimente zeigen, daß Cro in nichtkooperativer Weise an die 3 Bindungsstellen in o_R und o_L bindet. Die Reihenfolge der Affinitäten von Cro zu den o_R-Bindungsstellen (Abb. 1.23) ist: $o_R3 > o_R2 = o_R1$, zu den o_L-Bindungsstellen ist sie: $o_L1 > o_L2 = o_L3$. Bei 0,2 mol/l KCl und 37 °C bindet Cro so fest an o_R3 wie ein Repressordimer an o_R1; die Affinitäten des Cro-Proteins zu o_R2 und o_R1 sind ungefähr 10 mal niedriger.

Cro blockiert die p_R-abhängige Transkription, aber nur, wenn es vor der Zugabe der Polymerase an die DNA binden kann. Damit dieser reprimierende Effekt auftritt, müssen o_R1 oder o_R2 von Cro besetzt werden; das Ausschalten von o_R3 durch Mutation hat keine Auswirkung auf die Fähigkeit des Cro-Proteins, die p_R-abhängige Transkription zu reprimieren. Cro kann auch die p_{RM}-abhängige Transkription blockieren (ebenfalls nur, wenn man das Protein vor der Polymerase zur DNA gibt), und zwar sowohl bei Wildtyp-DNA mit o_R1- und o_R2-gebundenem Repressor als auch bei p_{RM}Up-1-DNA. Diese p_{RM}-Repression tritt nicht ein, wenn o_R3 so mutiert ist, daß das Cro-Protein dort nicht mehr binden kann.

Literatur: [32, 62, 63].

RecA spaltet den Repressor und löst damit die Induktion des Phagen aus (Abb. 1.21)

In den Zellextrakten lysogener Bakterien läßt sich nach der Induktion des Prophagen der gespaltene Repressor nachweisen. Für die Spaltung werden ultraviolette Strahlung und das RecA-Genprodukt benötigt. Ist das *recA*-Gen des Wirts durch eine Veränderung inaktiviert, so wird der Repressor nicht gespalten, und es kommt nicht zur Phageninduktion. Bestimmte *recA*-Mutanten können unter geeigneten Bedingungen diese Abhängigkeit von der ultravioletten Strahlung umgehen: Bei ihnen wird der Prophage induziert, wenn man die Zellen bei hohen Temperaturen ohne Bestrahlung wachsen läßt.

Man kann die Spaltungsreaktion in vitro mit Repressor und gereinigtem RecA-Protein durchführen. Der λ-Repressor wird zwischen den Aminosäuren Ala und Gly (Position 111/112) gespalten; zur Stimulierung der Reaktion sind kurze, einzelsträngige DNA-Fragmente und ATP nötig.

Verschiedene andere Repressoren einschließlich des 434-Repressors und des LexA-Proteins lassen sich ebenfalls in vitro spalten. Auch bei diesen Proteinen findet die Spaltung an einer Ala-Gly-Bindung in dem Peptid statt, das die beiden Domänen verbindet. Die Spaltungsreaktion läuft bei pH 10 spontan ab, wenn auch nicht sehr schnell, bei pH 7 ist sie noch langsamer; bei dem niedrigeren pH-Wert läßt sich die Reaktionsgeschwindigkeit durch Verwendung von gereinigtem RecA-Protein ganz wesentlich steigern.

Für eine effektive Induktion des Prophagen ist es nicht ausreichend, wenn der Repressor nur zu 30%, wohl aber, wenn er zu 80% gespalten wird (bezogen auf Messungen nach der Filterbindungs-Methode).

Literatur: [16, 36, 57, 59].

Bindung des Cro-Proteins an o_R3 läßt den Genschalter in die andere Stellung springen (Abb. 1.24)

Die beiden folgenden Experimente zeigen, daß die Bindung von Cro an o_R3 eine entscheidende Rolle bei der Induktion spielt:

Im 1. Experiment wird ein λ-Phage mit einer mutierten o_R3-Sequenz eingesetzt, an die Cro nicht binden kann. Der Phage bildet trübe Plaques mit normalem Erscheinungsbild; lysogene Bakterien mit diesem Prophagen werden aber durch ultraviolette Strahlung nur sehr schwach induziert. Für eine normale Induktion scheint also die Bindung von Cro an o_R3 notwendig zu sein.

Im 2. Experiment wird ein Plasmid, das die Expression des Cro-Proteins unter die Kontrolle des *lac*-Repressors stellt, in lysogene Bakterien eingeführt, die in einem Fall den Wildtypprophagen enthalten, im anderen Fall eine o_R3-Mutante als Prophagen. Nach Anschalten der Cro-Synthese durch Zugabe von IPTG wird der Wildtypprophage induziert, aber nicht die o_R3-Mutante. Die Induktion wird hier also durch die Bindung des Cro-Proteins an o_R3 ausgelöst.

Literatur: [5].

Wie Repressor und Cro-Protein an den Operator binden, ist in Abb. 2.6, 2.8 und 2.10 dargestellt

Die Abbildungen sollen nicht nur verdeutlichen, welche Konfiguration die Protein-DNA-Komplexe im einzelnen besitzen, sondern auch, daß es die Aminosäuren der Erkennungshelices sowie des Repressorarms sind, die dabei die Sequenzspezifität der Bindung bestimmen. Diese zusammenhängenden Aussagen stützen sich auf Ergebnisse kristallographischer und biochemischer Untersuchungen.

Kristallographische Untersuchungen

Die Kristallstrukturen des Cro-Proteins und der Repressoraminodomäne wurden mit hoher Auflösung bestimmt. Im Modell passen die Domänen gut zur *B-Form* der zugehörigen DNA-Abschnitte; dies wird durch verschiedene Abbildungen in Kap. 2 illustriert. Die B-Form ist eine der möglichen Doppelhelixstrukturen der

DNA; sie entspricht dem klassischen Modell von Watson und Crick. Ein 3. spezifisch DNA-bindendes Protein aus *E. coli*, das *catabolite activating protein* (*CAP*), benutzt für seine Bindung an die DNA ebenfalls die Struktur der 2 α-Helices, wie wir sie schon aus Kap. 2 kennen. In allen Fällen ist eine Helix, die Erkennungshelix, in die große Furche eingelagert, die andere liegt quer darüber.

Daß diese Modelle wesentliche Eigenschaften der Protein-DNA-Komplexe korrekt beschreiben, wird durch Kristallstrukturuntersuchungen an einem Repressor-Operator-Komplex bestätigt. Dieser Komplex enthält den Repressor des Phagen 434, eines engen Verwandten des Phagen λ, von dem schon vorher die Rede war.

Im Repressor-Operator-Komplex des Phagen 434 sind an jedes Operatorelement, in diesem Falle jeweils 14 Basenpaare lang, 2 Aminodomänen gebunden. Jede Domäne dringt mit ihrer Erkennungshelix in die große Furche ein, und die N-terminal benachbarte 2. α-Helix legt sich quer über die große Furche. Die Aminodomänen des 434-Repressors und des λ-Repressors sind in ihrer Gesamtstruktur bemerkenswert ähnlich. So sind bei beiden Proteinen die für die DNA-Erkennung verantwortlichen α-Helices 2 und 3 exakt deckungsgleich, die Helices 1 – kürzer im Falle von 434 – und 4 sind es nahezu. Die DNA liegt in der B-Form vor und ist an den Enden des Operatorbereichs etwas verzerrt, woraus man schließen kann, daß der 434-Repressor den Operator vermutlich leicht verbiegt.

Literatur: [13, 14, 17, 40, 49].

Austausch von Erkennungshelix-Segmenten zweier unterschiedlicher Repressorproteine

Die Erkennungshelix des 434-Repressors, diejenige, die im Repressor-Operator-Komplex in der großen Furche liegt, ist eine wichtige, vielleicht die einzige Determinante für die Spezifität der DNA-Bindung des Proteins. Diese Schlußfolgerung ergibt sich aus einem Experiment, mit dem der 434-Repressor umkonstruiert und die Spezifität seiner DNA-Bindung verändert wurde. Wir wollen bei der Beschreibung dieses Versuchs von einem *Helixaustausch* reden, obwohl ein Begriff wie *Helixrekonstruktion* exakter wäre. Das Experiment ist in Abb. 4.25 beschrieben.

Die Idee bestand darin, die Aminosäuren an der Außenseite der 434-Erkennungshelix durch die entsprechenden Aminosäuren des Repressors vom *Salmonella*-Phagen P22 zu ersetzen, die Aminosäuren auf der Innenseite aber unverändert zu lassen (zur Definition von Innen- und Außenseite der Erkennungshelix vgl. Kap. 2). Man hoffte, die so veränderte Aminosäurekette würde eine α-Helix bilden, die sich in der Umgebung des verbliebenen 434-Repressorproteinkörpers normal falten könnte, um dann aber an den P22- und nicht an den 434-Operator zu binden. Die natürlichen Repressoren von 434 und P22 besitzen keine Affinität zum jeweils anderen Operator, wie in vitro und in vivo gemessen wurde. Ein P22-Operatorelement ist 22 Basenpaare lang; in Abb. 4.25 ist die o_R1-Sequenz von P22 der Sequenz eines 434-Operatorelements gegenübergestellt.

Der obere Teil der Abb. 4.26 zeigt die Anordnung der Aminosäuren auf der Außenseite der Erkennungshelices vom 434- und vom P22-Repressor; im unteren Teil ist ihre wahrscheinliche Lage in der neukonstruierten Erkennungshelix dargestellt. Der 434-Repressor wurde verändert, indem der entsprechende Teil seines Gens durch synthetische DNA ersetzt wurde, die die Information für die

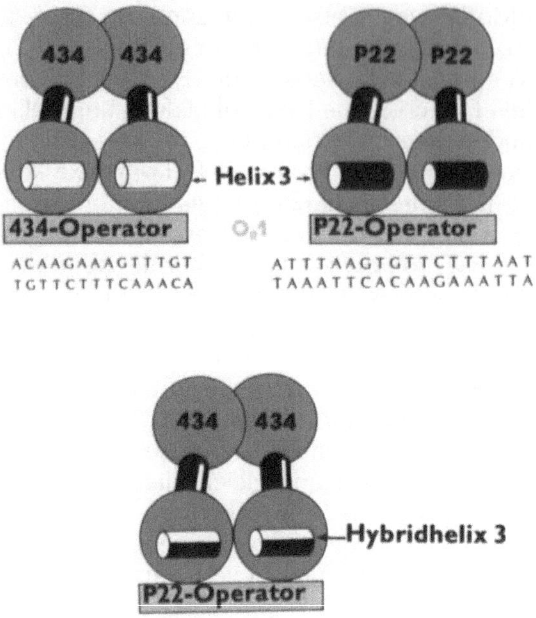

Abb. 4.25. Austausch der Erkennungshelices. In diesem Experiment werden Aminosäuren von der Außenseite der Erkennungshelix des 434-Repressors gegen die entsprechenden Aminosäuren des P22-Repressors ausgetauscht

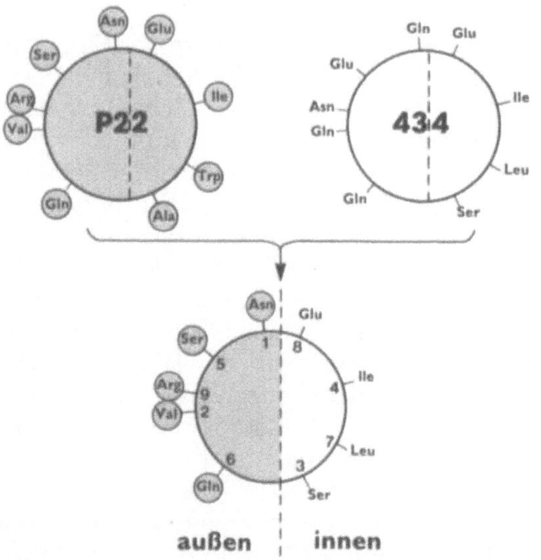

Abb. 4.26. Am Austausch beteiligte Erkennungshelices. In dieser Darstellung blicken wir auf die 3 Erkennungshelices in Richtung ihrer Hauptachsen. Durch Vergleich mit Abb. 2.3 sehen wir, daß die Seitenketten R der Aminosäuren auf der mit *außen* bezeichneten Seite in Richtung der DNA zeigen

gewünschte neue Erkennungshelix trug. Das modifizierte *434-Repressor*gen wurde dann an einen starken Promotor gekoppelt. Zellen, in denen das rekombinante DNA-Fragment von einem entsprechenden Plasmid exprimiert wurde, produzierten große Mengen des hybriden Repressorproteins.

Das bestechende Ergebnis des Experiments war, daß das neue Protein an den Operator von P22 band, nicht aber an den von 434. Der Test wurde in vivo und in vitro durchgeführt:

- Zellen, die das Protein enthielten, waren immun gegen P22, aber nicht gegen 434.
- Das gereinigte Protein band an die 3 o_R-Bindungsstellen von P22 in der gleichen Reihenfolge der Affinitäten wie der P22-Wildtyprepressor.

Das Experiment zeigt, daß die Determinanten für die unterschiedliche Spezifität der beiden Repressoren ausschließlich auf der Außenseite ihrer Erkennungshelices liegen.

Literatur: [9, 38, 52, 60, 65, 66].

Der Arm des λ-Repressors

Die Kristallstruktur eines Repressor-Operator-Komplexes mit einem aminoterminalen Arm, wie ihn der λ-Repressor besitzt, ist noch nicht bekannt; daher müssen wir die Funktion des Armes von indirekten Experimenten ableiten.

Untersuchungen über den Schutz vor DMS-Methylierung weisen darauf hin, daß die Arme des λ-Repressors spezifische Kontakte zu Guaninbasen eingehen, die auf der Rückseite der Helix in der großen Furche liegen (Abb. 4.16). Im Falle von o_R1 schützt der Repressor bzw. seine Aminodomäne 7 Guaninbasen vor der Methylierung; bei 5 von ihnen liegt die N_7-Position in der großen Furche auf der Vorderseite der Helix, bei den beiden übrigen – Base 9 und 10 in Abb. 4.16 – liegt sie ebenfalls in der großen Furche, aber durch die Helixdrehung jetzt auf deren Rückseite.

Entfernt man die Aminosäuren 1–3 durch gentechnische Veränderung des vollständigen Repressors oder durch eine Papainspaltung seiner Aminodomäne, so erhält man ein Protein, das auf der Vorderseite der Doppelhelix die Guaninbasen vor Methylierung schützt, nicht jedoch die Guaninbasen, die auf der Rückseite liegen. Die Entfernung der 3 endständigen Aminosäuren senkt die Bindungsaffinität des ansonsten unveränderten Repressors zum Operator um den Faktor 30, Entfernung von 6 Aminosäuren reduziert die Affinität um mindestens 3 Zehnerpotenzen.

Daß der Arm des Repressors mindestens einen spezifischen Kontakt auf der Rückseite der DNA eingeht, beweisen auch genetische Experimente. So führt ein Austausch der Base 10 in der o_R1-Sequenz zu einer Senkung der Bindungsaffinität für den Repressor mit dem intakten Arm; dieser Austausch hat aber keine Auswirkung auf einen Repressor, dem die N- terminalen 3 Aminosäuren fehlen. Der Arm trägt also sowohl zur Stärke als auch zur Spezifität der Bindung des Repressors bei. NMR-Untersuchungen am freien, d.h. nicht an den Operator gebundenen Repressor beweisen die freie Beweglichkeit dieses Armes.

Literatur: [21, 48, 64].

Spezifische Kontakte zwischen Aminosäuren und Basenpaaren

Genauere Untersuchungen an Modellen des Repressors und des Cro-Proteins gaben Hinweise auf eine Reihe möglicher Kontakte zwischen den Erkennungshelices und den Basenpaaren des Operators. Bei dem Versuch, diese Kontakte genauer zu bestimmen, trat u.a. die Schwierigkeit auf, den richtigen Ansatzpunkt für das Einrasten zwischen α-Helix und DNA zu finden. So beruht etwa Abb. 2.11 auf der Vorstellung, daß Repressor und Cro-Protein über Aminosäure 2 der Erkennungshelix (Serin) mit Basenpaar 4 des Operatorelements in Kontakt treten, zusätzlich das Cro-Protein über Aminosäure 6 (Lysin) mit den Basenpaaren 5 und 6 (zur Numerierung der Basenpaare und Aminosäuren vgl. Abb. 2.11). Ein früheres Modell hatte einen versetzten Ansatzpunkt für die Cro-Erkennungshelix angenommen, der für Serin und Lysin einen Kontakt mit den Operatorpositionen 3 bzw. 4 und 5 zur Folge gehabt hätte. Die Frage, welches dieser beiden Modelle – wenn überhaupt – zutreffend ist, läßt sich nicht durch Diskussion lösen.

Ein DMS-Experiment mit speziell dafür konzipierten mutierten Proteinen bestätigte teilweise die Vorstellung, die Abb. 2.11 zugrunde liegt, nämlich daß beim Repressor und beim Cro-Protein die Aminosäure 2 (Serin) der Erkennungshelix das Basenpaar 4 im Operator erkennt:

Die DNA-Sequenzen des *cI*- und des *cro*-Gens wurden so verändert, daß mutierte Proteine entstanden. Beide Mutanten trugen an Position 2 der Erkennungshelix die Aminosäure Alanin anstelle des größeren und chemisch unterschiedlichen Serin. Die veränderten Proteine wurden für In-vitro-Untersuchungen gereinigt und mit den entsprechenden Wildtypproteinen in *Methylierungsinterferenz*-Reaktionen verglichen.

Hierbei handelt es sich im Prinzip um ein ähnliches Experiment wie bei der früher erwähnten Untersuchung mit Nitrosoethylharnstoff. Man methyliert zuerst die Operator-DNA mit DMS, und zwar durch das Einführen von nur einer Methylgruppe pro DNA-Molekül; danach wird der Repressor oder das Cro-Protein zugefügt. Operator-DNA-Moleküle mit gebundenen Proteinen werden mit einem Nitrozellulosefilter isoliert, und die methylierten Stellen dieser DNA werden durch DNA-Spaltung und Gelelektrophorese identifiziert (vgl. Abb. 4.15). Wenn die Methylierung einer speziellen Base die Bindung des Proteins verhindert, fehlt im Gel die Bande, die dieser Operatorposition entspricht.

Das eindeutige Ergebnis war, daß Methylierung der Guaninbase an Operatorposition 4 die Bindung von Wildtyprepressor und von Wildtyp-Cro-Protein verhindert, aber keine Auswirkung auf die Bindung des mutierten Repressors und des mutierten Cro-Proteins hat. Beide in der Helixposition 2 mutierten Proteine binden schwächer als ihre Wildtypformen. Die Methylierung an der Operatorposition 4 hat keinen Effekt auf die Bindung der mutierten Proteine; dagegen verhindert Methylierung an anderen Operatorpositionen die Bindung sowohl der mutierten Proteine als auch ihrer Wildtypformen.

Literatur: [6, 18, 28, 46, 61].

Der Repressor aktiviert die Transkription von *cI*, indem er an o_R2 bindet und mit seiner Aminodomäne Kontakt zur Polymerase herstellt (Abb. 1.12, 1.19 und 2.17)

Repressormutanten mit einem Defekt in der positiven Genregulation
Zwei generelle Modelle lassen sich aufstellen für die Stimulation der Transkription durch ein DNA-bindendes Regulatorprotein:

- Modell Nr. 1 geht davon aus, daß das Protein durch seine Bindung irgendwie die Konformation der DNA verändert, die dadurch dann ein besseres Substrat für die RNA-Polymerase darstellt.
- Dem 2. Modell liegt die Vorstellung zugrunde, daß das gebundene Regulatorprotein die Transkription stimuliert, indem es mit der Polymerase Kontakt aufnimmt.

Kristallographische Untersuchungen weisen darauf hin, daß der λ-Repressor durch seine Bindung die DNA-Struktur nur sehr wenig ändert – ein Argument gegen das 1. Modell. Der entscheidende Einwand ergibt sich jedoch aus den Eigenschaften bestimmter Repressormutanten mit Namen *pc* für *positive control.* Diese *pc*-Repressormutanten verhalten sich in ihrer DNA-Bindung normal, können aber die p_{RM}-Transkription nicht mehr aktivieren; sie wurden isoliert für λ und P22. Bei den Repressormolekülen beider Phagen sind von den Mutationen Aminosäuren betroffen, die nach den Ergebnissen von Strukturanalysen und anderen Untersuchungen sich ganz in der Nähe der Polymerase befinden oder sie sogar berühren. Die *pc*-Mutanten untermauern damit unsere Vorstellungen vom Repressor-Operator-Komplex bei λ und P22.

Abb. 4.27 zeigt, wo auf der λ-DNA die Phosphatgruppen liegen, die von der p_{RM}-gebundenen Polymerase bzw. vom o_R1/o_R2-gebundenen Repressor abge-

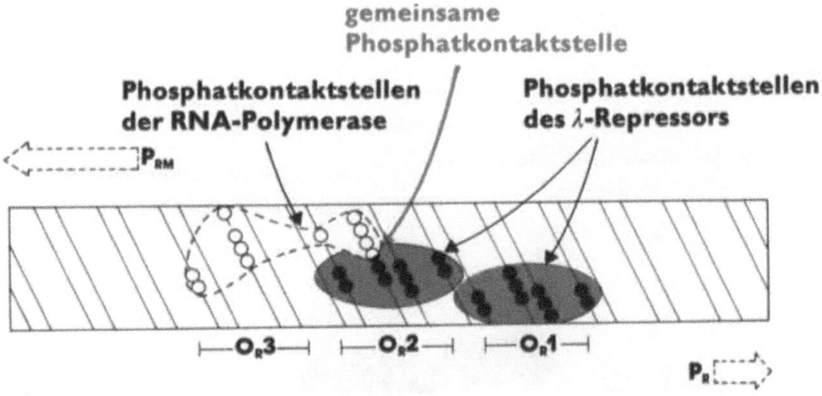

Abb. 4.27. Proteinkontakt zwischen dem o_R1- und o_R2-gebundenen λ-Repressor und der p_{RM}-gebundenen Polymerase. Die DNA-Helix wurde schematisch dargestellt, um alle Phosphatgruppen aufzuzeigen, die von der Polymerase bei p_{RM} und vom Repressor bei o_R1 und o_R2 berührt werden.

DNase-*Footprinting*experimente zeigen, daß die Polymerase ein größeres DNA-Segment überdeckt, als durch die Phosphatgruppen angegeben wird. Deshalb haben wir die Polymerase in diesem Buch jeweils so dargestellt, daß sie den größeren Bereich verdeckt

deckt werden. Untersucht man Repressor und Polymerase getrennt voneinander, so findet man eine Phosphatgruppe, zu der beide Proteine Kontakt haben; diese *gemeinsame Phosphatgruppe* sollte damit in der Nähe der Kontaktstelle zwischen den beiden Proteinen liegen. Lassen wir ein Repressordimer an o_R2 binden, so sehen wir, daß bei allen *pc*-Mutanten die ausgetauschte Aminosäure an der Proteinoberfläche in einer Region liegt, die sich in engster Nachbarschaft zu der gemeinsamen Phosphatgruppe und damit zur Polymerase befindet (s. Abb. 2.17).

Aus Abb. 4.28 erkennt man, daß die λ*pc*-Mutationen in der für die DNA-Erkennung verantwortlichen Region liegen; sie betreffen einzelne Aminosäuren in der Helix 2 und im Bogen zwischen den beiden Helices, dagegen nicht die Erkennungshelix 3. Diese Tatsache sowie die folgenden Überlegungen erlauben uns eine ziemlich sichere Vorhersage:

In Abb. 4.29 ist für den Phagen P22 die genaue Position des o_R1/o_R2-gebundenen Repressors und der p_{RM}-gebundenen Polymerase anhand der Phosphatkontaktstellen dargestellt. Während sich bei λ Repressor und Polymerase von derselben Seite so an die DNA anlagern, daß ihre Bindungsbezirke dabei in Serie

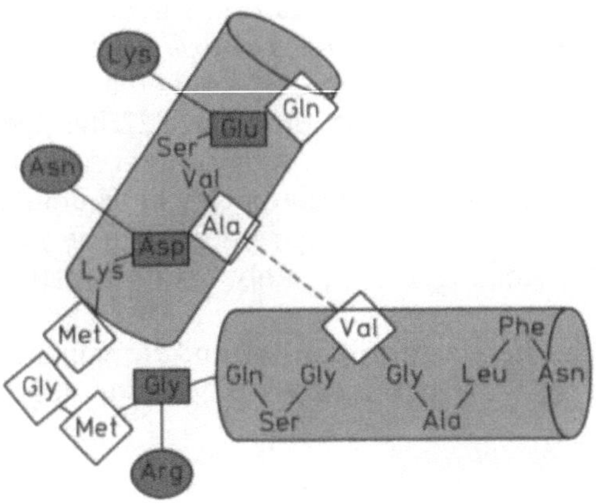

Abb. 4.28. λ*pc*-Mutanten. Die Aminosäuren, in denen sich die 3 λ*pc*-Mutanten vom Wildtyp unterscheiden, sind *oval* markiert. Die mit *Rauten* bezeichneten Aminosäuren sind in den bihelikalen Erkennungseinheiten zahlreicher spezifisch DNA-bindender Proteine konserviert. Man beachte, daß die *pc*-Mutationen weder die konservierten Aminosäuren betreffen noch die Aminosäuren in der Erkennungshelix

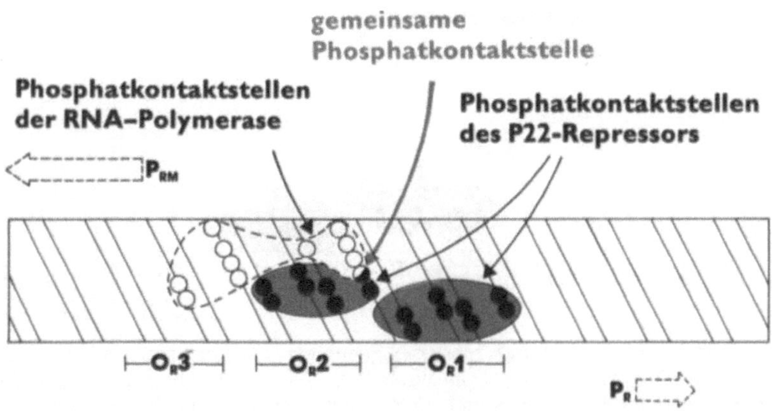

Abb. 4.29. Proteinkontakt zwischen dem o_R1- und o_R2-gebundenen P22-Repressor und der p_{RM}-gebundenen Polymerase beim Phagen P22. Es sind wieder die Phosphatkontaktstellen auf der DNA eingezeichnet; zum Vergleich s. Abb. 4.27 mit den entsprechenden Angaben für λ

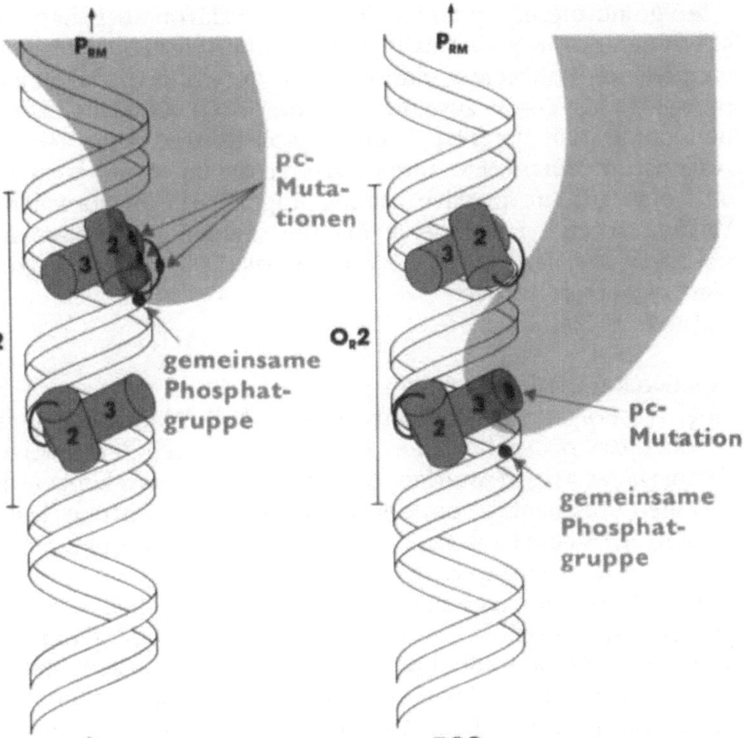

Abb. 4.30. Kontakt zwischen RNA-Polymerase und λ- bzw. P22-Repressor. Entsprechend der unterschiedlichen Lage der Repressorbindungsstellen relativ zur p_{RM}-gebundenen Polymerase liegen die *pc*-Mutationen beim λ- und beim P22-Repressor in verschiedenen Bereichen der Proteinoberflächen

nebeneinander liegen, binden sie bei P22 von entgegengesetzten Seiten an die DNA und bilden mit ihr eine Sandwichstruktur. Man beachte, daß auch bei P22 eine einzige Phosphatgruppe die Überlappung zwischen den Bindungsbereichen von Repressor und Polymerase darstellt.

Vergleichen wir nun die Bindungsbereiche der p_{RM}-gebundenen Polymerase und des o_R2-gebundenen Repressors bei λ und P22, so liegt bei beiden Phagen die gemeinsame Phosphatgruppe aus Sicht der Polymerase an derselben, aus Sicht des Repressors jedoch an unterschiedlicher Stelle. Wir kennen die Struktur des P22-Repressors noch nicht, aber wir wissen, wo innerhalb seiner Sequenz die vermutliche DNA-Erkennungseinheit liegt. Wenn nun der P22-Repressor den Kontakt zur Polymerase mit dem Teil seiner bihelikalen Erkennungseinheit herstellt, der sich in der Nähe der gemeinsamen Phosphatgruppe befindet, dann müssen daran Aminosäuren beteiligt sein, die (Abb. 4.30) am Carboxylende der Erkennungshelix 3 liegen. In der Tat befinden sich einige *pc*-Mutationen des P22-Repressors direkt am Carboxylende der vermutlichen Erkennungshelix, andere liegen wahrscheinlich nicht weit davon entfernt, wie sich aufgrund von Strukturhomologie schließen läßt – im Unterschied zum λ-Repressor (ebenfalls Abb. 4.30), bei dem die *pc*-Mutationen außerhalb von Helix 3 im aminoterminal angrenzenden Bereich liegen.

Aufgrund dieser Ergebnisse können wir davon ausgehen, daß der Kontakt zwischen den positiven Regulatorproteinen und der Polymerase über eine bestimmte Domäne der Polymerase einerseits und unterschiedliche Domänen der Repressorproteine andererseits zustande kommt (Abb. 4.30). Vielleicht ist es von besonderer Bedeutung, daß bei allen 5 bisher isolierten *pc*-Mutanten von λ und P22 eine Aminosäure durch eine andere ersetzt ist, die einen basischeren Charakter hat, also eine größere positive Ladung trägt als die entsprechende Aminosäure des Wildtypproteins. Experimente mit den gereinigten Proteinen zeigen, daß sie in normaler oder fast normaler Weise an die DNA binden, p_R reprimieren, aber p_{RM} nicht aktivieren können.

Literatur: [24, 25, 27, 52].

Positive Regulation in vitro

Liegt die Polymerasekonzentration unterhalb eines bestimmten Wertes, so kann die Rate der p_{RM}-abhängigen Transkription durch Repressorzugabe etwa um den Faktor 10 gesteigert werden; bei hohen Polymerasekonzentrationen arbeitet p_{RM} dagegen unabhängig vom Repressor mit voller Leistung. Das entspricht der Vorstellung, daß eine Funktion des Repressors darin besteht, die Bindung der Polymerase an p_{RM} zu verstärken.

In *Footprinting*experimenten hat sich herausgestellt, daß p_{RM} vom Repressor am stärksten stimuliert wird, wenn dessen Konzentration gerade so groß ist, daß er an o_R1 und o_R2 bindet. Bei höherer Konzentration besetzt er auch o_R3 und schaltet dann p_{RM} ab. Sind o_R1 und o_R2 oder auch nur o_R2 mutiert, dann ist keine Aktivierung von p_{RM} durch den Repressor zu beobachten. Mutationen in o_R1 und in o_R3 lassen zwar eine Aktivierung von p_{RM} noch zu, aber es sind dazu höhere Repressorkonzentrationen nötig, als wenn die o_R1-Bindungsstelle intakt wäre; man erinnere sich, daß die Bindung des Repressors an o_R2 schwächer ist, wenn o_R1 mutiert ist. – Die isolierte Aminodomäne des Repressors stimuliert ebenfalls (in vitro wie in vivo) den Promotor p_{RM}. Der Effekt ist hier unabhängig davon, ob o_R1 mutiert ist oder nicht: Die Bindung der Aminodomäne erfolgt, wie wir wissen, in nichtkooperativer Weise.

Die Erkenntnisse der letzten Abschnitte stimmen mit der Vorstellung überein, daß der o_R2-gebundene Repressor mit der p_{RM}-gebundenen Polymerase in Kontakt tritt und so p_{RM} aktiviert. Nun könnte man folgenden Einwand erheben: Es wäre ja auch möglich, daß die Bindung der Polymerase an p_R mit der Bindung an p_{RM} interferiert und daß der Repressor den Promotor p_{RM} vor allem dadurch stimuliert, daß er die Bindung der Polymerase an p_R verhindert. Diese Vorstellung von den konkurrierenden Polymerasemolekülen läßt sich aber durch verschiedene Experimente ausschließen:

- Eine Deletion von p_R bewirkt noch keine Aktivierung von p_{RM} und hat auch keinen Einfluß auf die Rate der p_{RM}-abhängigen Transkription, wie in vitro und in vivo gezeigt wurde.
- In o_R2^--Mutanten läßt sich p_{RM} nicht nennenswert aktivieren. Der Repressor kann zwar noch o_R1 besetzen und verhindern, daß die Polymerase an p_R bindet; auf die Aktivität von p_{RM} hat das aber keinen Einfluß.

– Deletiert man die Sequenzen von p_R und o_R1, so steigt durch die Bindung der Polymerase an p_{RM} die Affinität des Repressors bzw. seiner isolierten Aminodomäne zu o_R2.

Literatur: [43].

4.6 Schlußbemerkung

Im Vorwort zu diesem Buch wurde schon erwähnt, daß viele unserer Modellvorstellungen keineswegs einfach nur die Wiedergabe einzelner Beobachtungen sind. Vielmehr – und das gilt besonders für Kap. 1 – handelt es sich jedesmal um eine Zusammenfassung und Interpretation zahlreicher Experimente.

Der Leser, der sich mit Kap. 4 beschäftigt hat, wird dies sicher selbst erkannt haben. Er wird wohl auch gemerkt haben, daß wir ein anschauliches Modell für den monomeren und den dimeren Repressor finden mußten. Sieht das Monomer aber wirklich wie eine Hantel aus? Ist es richtig, wenn wir uns vorstellen, daß Repressordimere sich aneinander „anlehnen" und so für eine kooperative Bindung sorgen? Erklärt die Flexibilität des Verbindungsstücks zwischen den Repressordomänen die einigermaßen überraschende Tatsache, daß trotz unterschiedlich großer Abstände zwischen den Operatorelementen von o_R und o_L die Wechselwirkungsenergie zwischen den Repressordimeren in allen Fällen ungefähr gleich groß ist (ca. -2 kcal)? Diese Fragen sind besonders interessant in Hinblick auf die unerwartete Erkenntnis (s. Anhang 3), daß Repressorproteine auch dann kooperativ an die Operatorelemente binden können, wenn man diese künstlich durch 6 Helixwindungen voneinander trennt; die Wechselwirkungsenergie zwischen den Proteinen ist in diesem Fall fast genauso groß wie bei eng nebeneinanderliegenden Bindungsstellen.

Wir vermuten, daß Wechselwirkungen zwischen DNA-gebundenen Regulatorproteinen in allen Organismen eine wichtige Rolle bei der Genregulation spielen, und es ist nötig, daß wir mehr über die zugrundeliegenden Mechanismen erfahren.

Muß man unser Wissen über die Repressorstruktur schon als unvollständig bezeichnen, so ist unser Wissen über die Struktur der RNA-Polymerase praktisch gleich Null. Die Aussage, der Repressor wirke durch Protein-Protein-Kontakt als Aktivator der Transkription, bedeutet eigentlich nichts anderes, als daß wir nur langsam beginnen, den Mechanismus zu verstehen. Treten alle Transkriptionsaktivatoren von *E. coli* mit demselben Teil der Polymerase in Kontakt? Wie können solche Kontakte die DNA-Bindung der Polymerase und den Beginn der Transkription erleichtern? Diesen Fragen kommt besondere Bedeutung zu vor dem Hintergrund der Erkenntnis, daß 2 Untereinheiten der RNA-Polymerase von *E. coli* in ihren Aminosäuresequenzen signifikante Homologien zu Untereinheiten eukaryotischer RNA-Polymerasen aufweisen (Allison et al. 1985).

Wie wir schon in Kap. 3 festgestellt haben, fangen wir erst allmählich an zu verstehen, wie regulatorische Proteine spezifische Basensequenzen auf der DNA erkennen. Auch beim N- und beim Q-Protein von λ können wir zwar die Funktion gut beschreiben, wissen aber faktisch nichts über die Strukturen dieser Proteine und daher auch sehr wenig über die genauen zugrundeliegenden Mechanismen. Wir kennen weiter die Proteine, die mit anderen Aspekten der λ-Vermehrung verbunden sind, wie z.B. der Integration und der Exzision, der DNA-Replikation und der Rekombination, aber auch hier durchschauen wir die Mechanismen wieder nur ansatzweise. Wenn wir unser Ziel darin sehen, diese Zusammenhänge auf der Ebene molekularer Strukturen beschreiben zu können, dann müssen wir sagen: Ihre Erforschung hat gerade erst begonnen.

Weiterführende Literatur

Übersichtsartikel

1. Chadwick P, Pirrotta V, Steinberg R, Hopkins N, Ptashne M (1970) The λ and 434 phage repressors. Cold Spring Harbor Symp Quant Biol 35: 283–294
2. Gussin G, Johnson A, Pabo C, Sauer R (1983) Repressor and Cro protein: structure, function, and role in lysogenization. In: Hendrix RW, Roberts JW, Stahl FW, Weisberg R (eds) Lambda II. Cold Spring Harbor, New York, pp 93–123
3. Jacob F, Monod J (1961) Genetic regulatory mechanisms in the synthesis of proteins. J Mol Biol 3: 318–356
4. Johnson AD, Pabo CO, Sauer RT (1980) Bacteriophage λ repressor and Cro protein: interaction with operator DNA. Methods in Enzymol 65: 839–856
5. Johnson AD, Poteete AR, Lauer G, Sauer RT, Ackers GK, Ptashne M (1981) λ repressor and Cro – components of an efficient molecular switch. Nature 294: 217–233
6. Lewis M, Jeffrey A, Wang J, Ladner R, Ptashne M, Pabo CO (1983) Structure of the operator-binding domain of λ repressor: implication for DNA recognition and gene regulation. Cold Spring Harbor Symp Quant Biol 47: 435–440
7. Lwoff A (1953) Lysogeny. Bacteriol Rev 17: 269–337
8. Miller JH (1978) The lacI gene: its role in lac operon control and its use as a genetic system. In: Miller JH, Reznikoff WS (eds) The operon. Cold Spring Harbor, New York, pp 31–89
9. Wharton RP, Ptashne M (1986) An α-helix determines the DNA-binding specificity of a repressor. Trends Biochem Sci 11: 71–73

Forschungsberichte

10. Ackers GK, Shea MA, Johnson AD (1982) Quantitative model for gene regulation by λ phage repressor. Proc Natl Acad Sci USA 79: 1129–1133
11. Allison LA, Moyle M, Shales M, Ingles CJ (1985) Extensive homology among the largest subunits of eukaryotic and prokaryotic RNA polymerases. Cell 42: 599–610
12. Amann E, Brosius J, Ptashne M (1983) Vectors bearing a hybrid trp-lac promoter useful for regulated expression of cloned genes in E. coli. Gene 25: 167–178
13. Anderson WF, Ohlendorf DH, Takeda Y, Matthews BW (1981) Structure of the cro repressor from bacteriophage λ and its interaction with DNA. Nature 290: 754–758
14. Anderson JE, Ptashne M, Harrison SC (1985) The structure of a phage repressor-operator complex at 7 A resolution. Nature 316: 596–601
15. Backman K, Ptashne M (1978) Maximizing gene expression on a plasmid using recombination in vitro. Cell 13: 65–71
16. Bailone A, Levine A, Devoret R (1979) Inactivation of prophage λ repressor in vivo. J Mol Biol 131: 553–572
17. Bushman FD, Anderson JE, Harrison SC, Ptashne M (1985) Ethylation interference and X-ray crystallography identify similar interactions between 434 repressor and operator. Nature 316: 651–653
18. Ebright RH (1986) Proposed amino acid-base pair contacts for 13 sequence specific DNA-binding proteins. In: Oxender D (ed) Protein structure, folding, and design. Liss, New York
19. Echols H, Green L, Oppenheim B, Oppenheim A, Honigman A (1973) Role of the cro gene in bacteriophage λ development. J Mol Biol 80: 203–216

20. Eisen H, Brachet P, Pereira da Silva L, Jacob F (1970) Regulation of repressor expression in λ. Proc Natl Acad Sci USA 66: 855–862
21. Eliason J, Weiss MA, Ptashne M (1985) NH_2-terminal arm of phage λ repressor contributes energy and specificity to repressor binding and determines the effects of operator mutations. Proc Natl Acad Sci USA 82: 2339–2343
22. Folkmanis A, Takeda Y, Simuth J, Gussin G, Echols H (1976) Purification and properties of a DNA-binding protein with characteristics expected for the Cro protein of bacteriophage λ, a repressor essential for lytic growth. Proc Natl Acad Sci USA 73: 2249–2253
23. Galas DJ, Schmitz A (1978) DNase footprinting: a simple method for the detection of protein-DNA binding specificity. Nucleic Acids Res 5: 3157–3170
24. Guarente L, Nye JS, Hochschild A, Ptashne M (1982) A mutant λ repressor with a specific defect in its positive control function. Proc Natl Acad Sci USA 79: 2236–2239
25. Hawley DK, McClure WR (1983) The effect of a λ repressor mutation on the activation of transcription initiation from the λP_{RM} promoter. Cell 32: 327–333
26. Hecht MH, Nelson HCM, Sauer RT (1983) Mutations in λ repressor's aminoterminal domain: implications for protein stability and DNA-binding. Proc Natl Acad Sci USA 80: 2676–2680
27. Hochschild A, Irwin N, Ptashne M (1983) Repressor structure and the mechanism of positive control. Cell 32: 319–325
28. Hochschild A, Ptashne M (1986) The recognition helices of λ repressor and λ Cro make homologous contact with the λ operator. Cell 44: 925–933
29. Humayun Z, Jeffrey A, Ptashne M (1977) Completed DNA sequences and organizations of repressor-binding sites in the operators of phage λ. J Mol Biol 112: 265–277
30. Humayun Z, Kleid D, Ptashne M (1977) Sites of contact between λ operators and λ repressor. Nucleic Acids Res 4: 1595–1607
31. Johnson A (1986) Interaction between a repressor and Cro and the λ operator. J Mol Biol
32. Johnson A, Meyer BJ, Ptashne M (1978) Mechanism of action of the Cro protein of bacteriophage λ. Proc Natl Acad Sci USA 75: 1783–1787
33. Johnson AD, Meyer BJ, Ptashne M (1979) Interactions between DNA-bound repressors govern regulation by the λ phage repressor. Proc Natl Acad Sci USA 76: 5061–5065
34. Kaiser AD (1957) Mutations in a temperate bacteriophage affecting its ability to lysogenize Escherichia coli. Virology 3: 42–61
35. Kaiser AD, Jacob F (1957) Recombination between related temperate bacteriophages and the genetic control of immunity and prophage localization. Virology 4: 509–521
36. Little JW (1984) Autodigestion of Lex A and phage λ repressors. Proc Natl Acad Sci USA 81: 1375–1379
37. Maniatis T, Ptashne M (1973) Multiple repressor binding in the operators of bacteriophage λ. Proc Natl Acad Sci USA 70: 1531–1535
38. Matthews BW, Ohlendorf DH, Anderson WF, Takeda Y (1982) Structure of the DNA-binding region of lac repressor inferred from its homology with Cro repressor. Proc Natl Acad Sci USA 79: 1428–1432
39. Maurer R, Meyer BJ, Ptashne M (1980) I. O_R3 and autogenous negative control by repressors. J Mol Biol 139: 147–161
40. McKay D, Weber I, Steitz T (1982) structure of catabolite gene activator protein at 2.9–8f- resolution. J Biol Chem 257: 9518–9524
41. Meyer BJ, Kleid DG, Ptashne M (1975) λ repressor turns off transcription of its own gene. Proc Natl Acad Sci USA 72: 4785–4789
42. Meyer BJ, Maurer R, Ptashne M (1980) II. O_R1, O_R2, and O_R3: their roles in mediating the effects of repressor and cro. J Mol Biol 139: 163–194
43. Meyer BJ, Ptashne M (1980) III: λ repressor directly activates gene transcription. J Mol Biol 139: 195–205
44. Neubauer Z, Calef E (1970) Immunity phase-shift in defective lysogens: nonmutational hereditary change of early regulation of λ prophage. J Mol Biol 51: 1–13
45. Ogata R, Gilbert W (1979) DNA-binding site of lac repressor probed by dimethylsulfate methylation of lac operator. J Mol Biol 132: 709–728
46. Ohlendorf DH, Anderson WF, Fisher RG, Takeda Y, Matthews BW (1982) The molecular basis of DNA-protein recognition inferred from the structure of cro repressor. Nature 298: 718–723
47. Oppenheim AB, Neubauer Z, Calef E (1970) The antirepressor: a new element in the regulation of protein synthesis. Nature 226: 31–32

48. Pabo CO, Krovatin W, Jeffrey A, Sauer RT (1982) The N-terminal arms of λ repressor wrap around the operator DNA. Nature 298: 441–443
49. Pabo CO, Lewis M (1982) The operator-binding domain of λ repressor: structure and DNA recognition. Nature 298: 443–447
50. Pabo CO, Sauer RT, Sturtevant JM, Ptashne M (1979) The λ repressor contains two domains. Proc Natl Acad Sci USA 76: 1608–1612
51. Pirrotta V, Chadwick P, Ptashne M (1970) Active form of two coliphage repressors. Nature 227: 41–44
52. Poteete AR, Ptashne M (1982) Control of transcription by the bacteriophage P22 repressor. J Mol Biol 157: 21–48
53. Ptashne M (1967) Isolation of the λ phage repressor. Proc Natl Acad Sci USA 57: 306–313
54. Ptashne M (1967) Specific binding of the λ phage repressor to λ DNA. Nature 214: 232–234
55. Riggs AD, Suzuki H, Bourgeois S (1970) Lac repressor-operator interaction. J Mol Biol 48: 67–83
56. Roberts TM, Kacich R, Ptashne M (1979) A general method for maximizing the expression of a cloned gene. Proc Natl Acad Sci USA 76: 760–764
57. Roberts JW, Roberts CW, Mount DW (1977) Inactivation and proteolytic cleavage of phage λ repressor in vitro in an ATP-dependent reaction. Proc Natl Acad Sci USA 74: 2283–2287
58. Sauer RT, Pabo CO, Meyer BJ, Ptashne M, Backman KD (1979) Regulatory functions of λ repressor reside in the amino-terminal domain. Nature 279: 396–400
59. Sauer RT, Ross MJ, Ptashne M (1982) Cleavage of the λ and P22 repressors by recA protein. J Biol Chem 257: 4458–4462
60. Sauer RT, Yocum RR, Doolittle RF, Lewis M, Pabo CO (1982) Homology among DNA-binding proteins suggests use of a conserved super-secondary structure. Nature 298: 447–451
61. Siebenlist A, Gilbert W (1980) Contacts between Escherichia coli RNA polymerase and an early promoter of phage T7. Proc Natl Acad Sci 77: 122–126
62. Takeda Y (1979) Specific repression of *in vitro* transcription by the Cro repressor of bacteriophage λ. J Mol Biol 127: 177–189
63. Takeda Y, Folkmanis A, Echols H (1977) Cro regulatory protein specified by bacteriophage λ. J Biol Chem 252: 6177–6183
64. Weiss MA, Eliason JL, States DJ (1984) Dynamic filtering by two-dimensional ^{1}H NMR with application to phage λ repressor. Proc Natl Acad Sci USA 81: 6019–6023
65. Wharton RP, Brown EL, Ptashne M (1984) Substituting an α-helix switches the sequence specific DNA interactions of a repressor. Cell 38: 361–369
66. Wharton RP, Ptashne M (1985) Changing the binding specificity of a repressor by redesigning an α-helix. Nature 316: 601–605

Anhang 1:

Konstruktion eines wirksamen DNA-bindenden Proteins

Im folgenden soll anhand von Beispielen deutlich gemacht werden, von welchen Faktoren es abhängt, wie effizient sich ein DNA-bindendes Protein in der Zelle an seinen Operator heftet. Der Einfachheit halber soll das Protein ein Repressor sein; die Argumente lassen sich aber verallgemeinern. Für eine genauere und ausführlichere Diskussion sei auf die Literaturangaben am Ende des Anhangs verwiesen.

Übersicht

Die Verweilzeit eines Repressors an seinem Operator hängt von 2 Faktoren ab: der Affinität des Repressors zu der Bindungsstelle und der Konzentration an Repressormolekülen, die für die Bindung an den Operator zur Verfügung stehen. Bei gegebener Affinität steigt die Besetzung des Operators mit zunehmender Konzentration an freiem Repressor. Die Menge an freiem Repressor in der Zelle kann durch unspezifische DNA-Bindung wesentlich verringert werden. Ein geeigneter Weg, die spezifische Bindung eines Repressors zu erhöhen, besteht darin, eine einzelne Operator-Bindungsstelle durch 2 oder mehrere zu ersetzen, an die der Repressor dann kooperativ binden kann.

Spezifische und unspezifische Bindung

Beginnen wir mit einer Kultur von Bakterienzellen, von denen jede die gleiche Anzahl an Repressormolekülen sowie ein einziges Operatorelement enthalten soll. Welcher Teil der Operatorsequenzen ist zu einem gegebenen Zeitpunkt mit Repressor besetzt? Um diese Frage zu beantworten, wollen wir annehmen, unsere Zellen seien zu einer einzigen großen Zelle verschmolzen; in ihr würden wir logischerweise dieselbe Konzentration an Operatorelementen und Repressormolekülen finden, die auch in den einzelnen Zellen vorliegt.

Die Dissoziationskonstante K_{OP}, ein Maß für die Wechselwirkung zwischen Repressor und Operator im Reaktionsgleichgewicht, ist folgendermaßen definiert:

$$OR \rightleftharpoons O + R \qquad K_{OP} = \frac{[R][O]}{[OR]} \tag{1}$$

[R] und [O] stehen für die Konzentration des freien Repressors bzw. Operators und [OR] für die Konzentration des Repressor-Operator-Komplexes.

Um festzustellen, in welchem Maße der Operator bei gegebener Repressorkonzentration besetzt ist, wollen wir eine Gleichung ableiten, die uns direkt den Anteil an repressorfreiem Operator angibt.

Wenn $[O_T]$ = Gesamtmenge an Operator, [O] = freier Operator und [OR] = gebundener Operator, dann ist

$$[O_T] = [O] + [OR].$$

Durch Ersetzen von [OR] in Gleichung (1) ergibt sich:

$$\frac{[O]}{[O_T]} = \frac{K_{OP}}{K_{OP} + [R]} \approx \frac{K_{OP}}{[R]} \text{ für } [R] \gg K_{OP} \tag{2}$$

Um zu sehen, wie sich diese Gleichung auf ein konkretes Beispiel anwenden läßt, stellen wir uns einen Repressor vor, der mit 100 Kopien in einer *E. coli*-Zelle vorliegt. Seine Konzentration ist dann etwa 10^{-7} mol/l und die Konzentration eines einzelnen Operatorelementes in der Zelle etwa 10^{-9} mol/l. Für K_{OP} wollen wir einen Wert von 10^{-10} mol/l annehmen.

Der Repressor liegt im Vergleich zum Operator in großem Überschuß vor, und so ist

$$[R] \approx [R_T]$$

mit $[R_T]$ = Gesamtmenge an Repressor in der Zelle.

Außerdem ist $[R_T] \gg K_{OP}$, und somit können wir eine vereinfachte Form von Gleichung (2) aufstellen:

$$\frac{[O]}{[O_T]} \approx \frac{K_{OP}}{[R_T]} = \frac{10^{-10}}{10^{-7}} = 10^{-3} \tag{3}$$

Dieser Wert für $[O]/[O_T]$ bedeutet, daß in der Population zu jedem gegebenen Zeitpunkt 99,9% der Operatoren mit einem Repressor belegt sind, oder anders ausgedrückt, daß jeder Operator für 99,9% der Zeit besetzt ist.

In Gleichung (3) ist noch nicht die Tatsache berücksichtigt, daß Proteine, die fest an spezifische Operatorsequenzen binden, eine zwar niedrigere, aber nicht notwendigerweise unbedeutende Affinität allgemein zur DNA besitzen. Diese Bindung an nichtspezifische DNA-Sequenzen kann die Konzentration an freiem Repressor signifikant erniedrigen und somit den Anteil an besetztem Operator senken.

Bei den folgenden Überlegungen zu diesem Einwand wollen wir den Repressor behandeln, als besäße er zu jedem Teil der DNA außerhalb des Operators dieselbe niedrige Affinität. Es könnte zwar sein, daß die nichtspezifische Bindung im wesentlichen von Bindestellen herrührt, die eine gewisse Ähnlichkeit mit Operatorstrukturen besitzen; der Kern unserer Schlußfolgerungen würde sich dadurch aber nicht ändern.

Die Gleichgewichtskonstante K_D, die die Bindung des Repressors an Nichtoperator-DNA beschreibt, ergibt sich aus

$$DR \rightleftharpoons D + R \qquad K_D = \frac{[D][R]}{[DR]} \tag{4}$$

mit $[D]$ = Konzentration der repressorfreien Nichtoperator-Bindungsstellen und $[DR]$ = Konzentration der Repressor-Nichtoperator-Komplexe.

Um den Anteil an Repressor zu bestimmen, der an die Nichtoperator-Bindungsstellen gebunden ist, machen wir uns klar:

$$[R_T] = [R] + [DR] + [OR] \approx [R] + [DR]$$

und daher

$$[DR] \approx [R_T] - [R]$$

mit $[R_T]$ = Gesamtkonzentration an Repressor.

Der Anteil des nichtgebundenen Repressors $[R]/[R_T]$ ergibt sich durch Substitution von $[DR]$ in Gleichung (4) und Auflösung nach R/R_T:

$$\frac{[R]}{[R_T]} = \frac{K_D}{K_D + [D]} \approx \frac{K_D}{[D]} \text{ für } [D] \gg K_D \tag{5}$$

Stellen wir uns vor, daß unser Repressor eine K_D von 10^{-4}mol/l besitzt, was einem durchaus vernünftigen Wert entspricht. Die Konzentration an unspezifischen Bindungsstellen in einem Bakterium ist ungefähr 10^{-2} mol/l. Ein Kolibakterium hat ein ungefähres Volumen von $2 \cdot 10^{-15}$ l, es enthält etwa 10^7 Basenpaare DNA, und für unsere Rechnung nehmen wir an, daß jedes Basenpaar den Anfang einer neuen unspezifischen Bindungsstelle darstellt. Da die Zahl unspezifischer Bindungsstellen immer in großem Überschuß gegenüber der Zahl an Repressoren ist, können wir setzen:

$$[D] = [D_T]$$

mit $[D_T]$ = Gesamtkonzentration an unspezifischen Bindungsstellen.

Dann erhalten wir aus Gleichung (5):

$$\frac{[R]}{[R_T]} \approx \frac{10^{-4}}{10^{-2}} = 10^{-2} \tag{6}$$

Aus Gleichung (6) errechnet sich, daß 99% unseres Repressors in der Zelle nicht frei in Lösung vorliegen, sondern statt dessen unspezifisch an die DNA gebunden sind, also nicht zur Verfügung stehen, um an den Operator zu binden. Das bedeutet aber andererseits, daß der Anteil der Operatoren, die vom Repressor besetzt sind, in Wirklichkeit mehr als 100fach kleiner ist, als es Gleichung (3) angibt.

Im wesentlichen bestimmen 2 Verhältnisse die Effizienz, mit der der Repressor an den Operator bindet: K_D/K_{OP} und $[R_T]/[D_T]$. Würde in unserem Beispiel das Verhältnis der Affinitäten des Repressors zu Operator- und Nichtoperator-DNA um den Faktor 100 erhöht (und damit auch der Wert von K_D/K_{OP}), dann nähme der Anteil der repressorfreien Operatoren um eben diesen Faktor ab. Derselbe Effekt würde erreicht, wenn man die Repressorkonzentration auf das 100fache erhöhte. Um das allgemeine Ergebnis abzuleiten, ersetze man [R] in Gleichung (2) durch den entsprechenden Ausdruck aus Gleichung (5). Mit ein paar Vereinfachungen ergibt sich:

$$\frac{[O]}{[O_T]} \approx \frac{K_{OP} \cdot [D_T]}{K_D \cdot [R_T]}$$

Man nimmt an, daß zumindest bei einigen spezifischen DNA-bindenden Proteinen immer ein signifikanter Anteil unspezifisch an die DNA gebunden ist und nicht frei gelöst im Bakterium vorliegt. Das Problem ist wegen vieler Unsicherheiten schwer zu quantifizieren. So könnte z.B. die Affinität eines Repressors zu seinem Operator und zu nichtspezifischer DNA in vitro um einige Größenordnungen falsch bestimmt sein, wenn dafür ungeeignete Salzbedingungen und Temperaturen gewählt wurden; die genauen Salzkonzentrationen, die in vivo herrschen, sind in keinem Fall bekannt.

Steigerung der Spezifität

Stellen wir uns einen imaginären Repressor vor, der ein solches Verhältnis von spezifischer zu unspezifischer DNA-Affinität hat, daß er bei einer bestimmten Konzentration den Operator nur zu 1% besetzt. Wie können wir die Effizienz der Bindung auf 99% erhöhen? Folgende Lösungen kann man sich vorstellen:

Erhöhung der Proteinkonzentration

Man könnte die Konzentration des Proteins erhöhen; notwendig wäre allerdings, wie wir gesehen haben, eine Anhebung ungefähr um den Faktor 100.

Direkte Erhöhung der Spezifität

Man könnte das Protein so umkonstruieren, daß sich das Verhältnis von spezifischer zu unspezifischer Bindung erhöht. Betrachten wir 2 mögliche Wege, dies zu erreichen:

teigerung der spezifischen Affinität bei gleichbleibender unspezifischer indung

s ist unsicher, in welchem Ausmaße typische prokaryotische Repressoren auf dieəm Wege verbessert werden könnten; es wäre aber nicht überraschend, wenn :ch ein Effekt dadurch erzielen ließe, daß man 1–2 zusätzliche Kontakte zwischen iner der sequenzspezifisch DNA-bindenden Domänen des Proteins und den ınktionellen Gruppen der DNA einführte.

'erbesserung des Verhältnisses von spezifischer zu unspezifischer Bindung lurch Erhöhung der Zahl spezifischer und unspezifischer Kontakte um den ;leichen Faktor

ˌetrachten wir einen Repressor, der an seinen Operator mit einer K_{OP} von 10^{-10} ıol/l bindet und an zufallsverteilte DNA-Sequenzen mit einer K_D von 10^{-4} mol/l. ətzt wollen wir die Größe des Repressors und des Operators verdoppeln, so daß ich auch die doppelte Anzahl an spezifischen wie an unspezifischen Kontakten usbilden kann. Der vergrößerte Repressor würde in 1. Näherung an den Operator ıit $K_{OP} = 10^{-20}$ mol/l und an zufallsverteilte DNA-Sequenzen mit $K_D = 10^{-8}$mol/l ›inden. Doppelt soviele Kontakte bedeuten nämlich eine doppelt so hohe Binlungsenergie ($-\Delta G$); man erinnere sich daran, daß zwischen K und ΔG ein expoıentieller Zusammenhang besteht: $K = e^{-\Delta G/RT}$. Mit jeder Zunahme von ΔG um :,8 kcal sinkt der Wert für K um den Faktor 100.

Das Verhältnis von spezifischer zu unspezifischer Bindung haben wir durch die 'erdoppelung von Repressor- und Operatorgröße von 10^6 auf 10^{12} erhöht. Das ıeißt, der Wert von K_D/K_{OP} ist um den Faktor 10^6 gestiegen; aus unserer Rechnung :rgibt sich bis jetzt, daß ein größerer Repressor viel effizienter als ein kleinerer ›inden muß.

Hier stoßen wir aber auf ein kinetisches Problem: Der absolute Wert der Binlungskonstante für die unspezifische Repressor-DNA-Bindung ist jetzt so hoch, laß bei der großen Zahl an unspezifischen Bindungsstellen die Repressoren fast lie gesamte Zeit an solche DNA-Sequenzen gebunden wären. Mit anderen Woren, es würde sehr lange dauern, bis sich das Gleichgewicht zwischen spezifischer ınd unspezifischer Bindung eingestellt hätte.

Das kinetische Problem rührt daher, daß bei einer K_D von 10^{-8} mol/l die Verveildauer eines Repressors an einer solchen Bindungsstelle in der Größenordnung 'on 0,1 s liegt. Diese Schätzung ergibt sich aus Geschwindigkeitsmessungen mit 'erschiedenen Repressoren, die an ihre Operatoren binden und wieder von ihnen ıbfallen. Wir sind davon ausgegangen, daß *E. coli* im Prinzip 10^7 unspezifische Binlungsstellen besitzt; würde unser Repressor nur 10% davon ausprobieren, so wäre ər damit im Schnitt 25 h lang beschäftigt, also deutlich mehr als das 10fache der Zeit, die einer Zellgeneration bei typischen Bakterien entspricht.

Vermutlich könnte unser hypothetischer übergroßer Repressor während einer Zellgeneration niemals seinen Operator finden. Die spezifische Bindung würde :war in einer Gleichgewichtssituation bevorzugt, nur würde dieses Gleichgewicht ıie erreicht.

Noch ein anderes Problem ergäbe sich wahrscheinlich aus der doppelten Größe les Repressors: Eine Dissoziationskonstante von $K_{OP} = 10^{-20}$ mol/l würde bedeu:en, daß ein an den Operator gebundenes Protein praktisch für immer dort verbliebe. Weder der Mechanismus der Induktion noch irgendein anderer zellulärer Prozeß, für den sich der Repressor spontan vom Operator lösen müßte, könnte innerhalb eines sinnvollen Zeitraums ablaufen. Da die Bindungsenergie so hoch ist, müßte der operatorgebundene Repressor eine drastische Veränderung durchmachen, um sich von seiner Bindungsstelle lösen zu können.

Ausnutzen der Kooperativität

Diese Probleme werden lösbar durch das Prinzip der Kooperativität. Zum Beispiel ließe sich ein zweites Operatorelement in der Nähe des ersten in die DNA einbauen; der Repressor müßte dann so verändert werden, daß 2 operatorgebundene Moleküle miteinander in Wechselwirkung treten könnten.

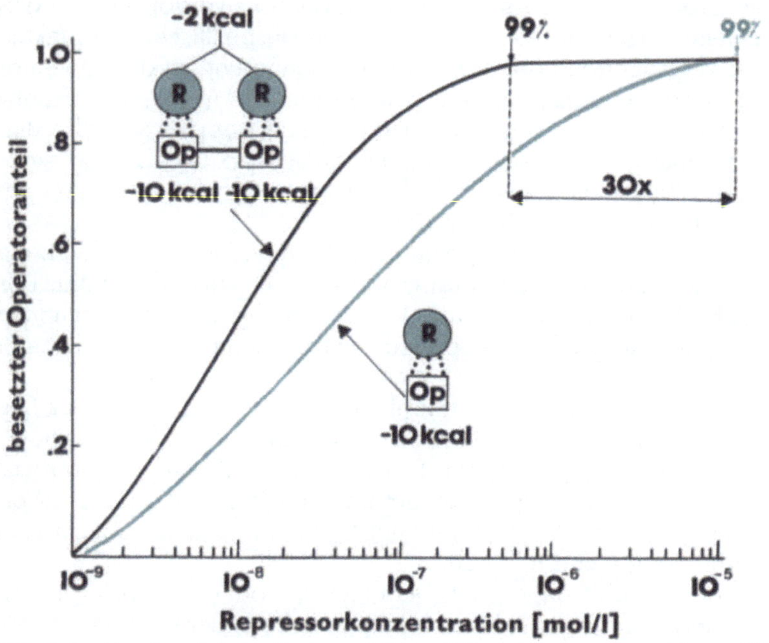

Abb. A.1. Um eine einfache Bindungsstelle zu 99% zu besetzen, braucht man 30 mal mehr Repressor, als bei einer doppelten Bindungsstelle nötig ist, da im letzten Fall der Repressor ja kooperativ binden kann. Durch Verlängerung der Kurven würde man für eine 99,9%ige Besetzung einen Unterschied in den benötigten Repressorkonzentrationen ungefähr vom Faktor 100 erhalten.

Die Kurven basieren auf der Annahme, daß die Affinität des Repressors zu den isolierten Bindungsstellen jeweils −10 kcal beträgt und daß bei einer doppelten Bindungsstelle die Wechselwirkungsenergie zwischen den DNA-gebundenen Repressordimeren −2 kcal beträgt. Würde diese Wechselwirkungsenergie zwischen den Proteinen −5 kcal erreichen, so wäre die Repressormenge, die zur Erreichung einer 99- bzw. 99,9%igen Bindung benötigt würde, 40 mal bzw. 100 mal niedriger.

Die obere Kurve entspricht ungefähr der Bindung des Repressors an die 2 Operatorelemente o_R2 und o_R3 bei mutierter o_R1-Sequenz; der beschriebene Fall der einfachen Bindungsstelle (untere Kurve) kommt der Situation einer Repressorbindung an die isolierte o_R3-Sequenz nahe. Die Kurve für die doppelte Bindungsstelle ist eigentlich für eine Repressoranlagerung an nur eine der beiden Stellen berechnet; da die beiden Operatorelemente aber praktisch gleichzeitig besetzt werden, ändert sich der Kurvenverlauf nicht wesentlich, wenn man von einer Besetzung beider Bindungsstellen ausgeht.

Die Berechnung der Kurven wurde von Sandy Johnson durchgeführt. (Nach Ackers et al. 1982)

Die Kurven in Abb. A.1 zeigen, wie durch den kooperativen Effekt bei der Bindung an 2 Operatorelemente die Effizienz der Repressorbindung gesteigert wird, verglichen mit der Bindung an nur 1 Stelle. Die Kurven basieren auf der Annahme, daß die Bindungsenergie des Repressors an eine einzelne Bindungsstelle −10 kcal beträgt und die Wechselwirkungsenergie zwischen 2 Repressoren an benachbarten Bindungsstellen etwa −2 kcal. Aus den Kurven ergibt sich, daß bei der kooperativen Bindung ungefähr 30mal weniger Repressor benötigt wird, um eine 99%ige Operatorbesetzung zu erreichen, als es im nichtkooperativen System mit nur einer Bindungsstelle der Fall ist. Für 99,9%ige Besetzung würde bei einer Bindungsstelle dann schon etwa 100mal soviel Repressor benötigt wie im System mit 2 Bindungsstellen.

Wie in Kap. 1 ausgeführt, macht sich der λ-Repressor das Prinzip der kooperativen Bindung zunutze. Wären o_R1 oder o_R2 die einzigen Bindungsstellen im λ-Operator, dann würde die tatsächlich vorhandene Repressorkonzentration im lysogenen Bakterium bewirken, daß die beiden Bindungsstellen nur zu etwa 90% bzw. 10% besetzt wären. Aber die gemessene Energie von −2 kcal, die durch die Wechselwirkung zwischen benachbarten Repressordimeren frei wird, erhöht die Besetzungswahrscheinlichkeit von o_R1 und o_R2 im lysogenen Bakterium auf über 99%.

Die Kooperativität trägt auch dazu bei, das Verhältnis von spezifischer zu unspezifischer Bindung zu steigern; die Wahrscheinlichkeit, daß sich 2 Repressoren an benachbarten unspezifischen Bindungsstellen zu kooperativer Wechselwirkung zusammenfinden, ist wegen der großen Zahl dieser unspezifischen Bindungsstellen verschwindend klein. Im Falle von λ bilden sich außerdem zwischen 2 DNA-gebundenen Repressordimeren nur schwache Wechselwirkungskräfte aus, und die Protein-DNA-Komplexe dissoziieren ziemlich leicht. In anderen Fällen dagegen können auch stärkere Wechselwirkungen zwischen solchen DNA-gebundenen Proteinen herrschen, z.B. dann, wenn mehrere verschiedene Proteine im Spiel sind. Es ist sogar möglich, daß stärkere Wechselwirkungen dieser Art zur Bildung von sehr stabilen Protein-DNA-Komplexen führen, selbst wenn die Affinitäten der einzelnen Proteine zu ihrer jeweiligen Operatorsequenz ähnlich hoch sind wie beim λ-Repressor. Ein Beispiel für solch einen Komplex ist in Anhang 3 erwähnt.

DNA-Protein-Wechselwirkung in Eukaryoten

Der Kern einer eukaryotischen Zelle ist wesentlich größer als ein Bakterium und enthält auch viel mehr DNA. Deshalb muß in einer eukaryotischen Zelle ein spezifisches DNA-bindendes Protein seinen Operator unter sehr viel mehr unspezifischen Sequenzen herausfinden können als im Bakterium. Ergeben sich daraus besondere Probleme? Betrachten wir ein einzelnes Beispiel, das uns eine einfache Antwort geben wird:

Man stelle sich einen eukaryotischen Zellkern vor, der die DNA-Sequenz des λ-Operators enthält. Er soll das 500fache Volumen und die 500fache DNA-Menge eines Bakteriums besitzen. Die Konzentration an DNA wäre also in dem eukaryotischen Zellkern ebenso groß wie in einem Bakterium. Daraus folgt direkt: Wenn die

Konzentration des λ-Repressors in dem eukaryotischen Kern genauso hoch ist wie im Bakterium, dann sollte der λ-Repressor seinen Operator im eukaryotischen Kern genauso leicht finden können wie in einem Bakterium; das bedeutet jedoch, daß der eukaryotische Kern 500 mal so viel Repressor enthält wie ein Bakterium, also etwa 10 000 Moleküle. Besonders klar wird dieser Gedankengang, wenn man ein Teilvolumen des eukaryotischen Kerns betrachtet, das die Größe eines Bakteriums besitzt und das den Operator enthalten soll. Vergleicht man dieses Teilvolumen direkt mit dem Bakterium, so wird deutlich, daß die Chance für den Repressor, seinen Operator zu finden, in beiden Fällen gleich groß sein muß.

Diese einfache Beschreibung kommt in einigen Fällen der wirklichen Situation nahe. Das bedeutet, daß die DNA-Konzentration in einigen eukaryotischen Kernen tatsächlich etwa so hoch ist wie die in einem Bakterium und daß in den wenigen genauer untersuchten Fällen die Affinität eukaryotischer regulatorischer Proteine zu ihren Operatoren der des λ-Repressors zu seinem Operator entspricht (vgl. Anhang 3).

Die Modellsituation, die wir uns vorgestellt haben, ist eine Vereinfachung; sie soll dem Leser helfen, einen Einstieg zu finden, wenn er über die Frage nachdenken möchte, die wir uns zu Beginn dieses Abschnittes gestellt haben. Im Einzelfall mag die Konzentration des eukaryotischen Regulatorproteins niedriger sein, als wir uns das vorgestellt haben, oder die Gesamtkonzentration an DNA höher. Beide Faktoren würden es dem regulatorischen Protein erschweren, seinen Operator zu finden; diese Schwierigkeit könnte aber durch kooperatives Bindungsverhalten überwunden werden.

Weiterführende Literatur

1. Ackers GK, Johnson AD, Shea MA (1982) Quantitative model for gene regulation by λ phage repressor. *Proc Natl Acad Sci USA* 79: 1129–1133
2. Johnson AD, Poteete AR, Lauer G, Sauer RT, Ackers GK, Ptashne M (1981) λ repressor and cro-components of an efficient molecular switch. *Nature* 294: 217–223
3. Lin S, Riggs AD (1985) The general affinity of lac repressor for *E. coli* DNA: implications for gene regulation in prokaryotes and eukaryotes. *Cell* 4: 107–111
4. Nelson HCM, Sauer RT (1985) Lambda repressor mutations that increase the affinity and specificity of operator binding. *Cell* 42: 549–558
5. Hippel PH von, Revzin A, Gross CA, Wang AC (1974) Non-specific DNA-binding of genome regulating proteins as a biological control mechanism: I. the *lac* operon: equilibrium aspects. *Pro Natl Acad Sci USA* 71: 4808–4812
6. Yamamoto KR, Alberts B (1975) The interaction of estradiol receptor protein with the genome: an argument for the existence of undetected specific sites. *Cell* 4: 301–310

Anhang 2:

Starke und schwache Wechselwirkungen

Unter den Wechselwirkungen, die sich zwischen den Komponenten des genetischen Schalters von λ ausbilden können, gibt es solche mit starken und solche mit schwachen Bindungskräften. Die Energien, die bei der Bindung von Proteinen an DNA auftreten, liegen im Bereich von -10 kcal bis -15 kcal und entsprechen Werten für die Dissoziationskonstante K_D von ungefähr 10^{-10} mol/l; die Energien der Protein-Protein-Wechselwirkungen sind dagegen um etwa eine Größenordnung niedriger, die zugehörigen Dissoziationskonstanten K_D liegen bei etwa 10 mol/l. Ein o_R1-gebundener Repressor hilft dem 2. bei seiner Bindung an o_R2, und dieser 2. Repressor unterstützt wiederum die Polymerase, wenn sie an die DNA binden und die Transkription bei p_{RM} starten will. Jedesmal beträgt der Helfereffekt aber nur -1 kcal bis -2 kcal und ist damit eine Größenordnung kleiner als die Energiebeträge, um die es bei der direkten Protein-DNA-Wechselwirkung geht.

Dies hat zur Folge, daß man die Effekte, die auf solch schwachen Wechselwirkungen beruhen, bei In-vitro-Reaktionen leicht übersieht. Ein unkritisch durchgeführter Transkriptionsversuch ergibt z.B., daß die p_{RM}-abhängige Transkription ihren maximalen Wert bei hoher Polymerasekonzentration erreicht; ein stimulierender Effekt des Repressors läßt sich hier nicht beobachten. Ein anderes Beispiel: Auch wenn o_R1 und o_R3 deletiert sind, wird der Repressor bei genügend hoher Konzentration an o_R2 binden, und man könnte denken, o_R1 sei ohne Bedeutung für die Repressorbindung. Derartige Effekte können in vitro entweder durch erhöhte Proteinkonzentration entstehen oder aber auch durch eine zu niedrige Salzkonzentration, die bewirkt, daß ein höherer Wert für die Bindungskonstante gemessen wird. Die Interpretation von In-vitro-Ergebnissen kann also dadurch kompliziert werden, daß man die genauen Bedingungen (Konzentration der beteiligten Komponenten, Ionenstärke, pH-Wert usw.) nicht kennt, die den In-vivo-Verhältnissen entsprechen.

Um die Funktionen aller wichtigen Komponenten aufklären zu können, wird es deshalb wie bei λ immer wieder nötig sein, die In-vitro-Ergebnisse anhand von In-vivo-Experimenten zu überprüfen.

Anhang 3:

Regulation der Transkription in Eukaryoten und Prokaryoten: ein gemeinsamer Mechanismus

Es sind verschiedene Beispiele eukaryotischer Gene bekannt, die sich von den λ-Genen durch eine Besonderheit unterscheiden: Ihre Transkription wird aktiviert, wenn ein Protein an eine DNA-Sequenz bindet, die mehrere hundert Basenpaare vom Startpunkt der RNA entfernt liegt. Zu diesen Beispielen gehören menschliche Gene ebenso wie Gene von Nagern und Gene aus der Hefe.

Betrachten wir z.B. das Hefegen *GAL1*, eines der Gene, das Hefezellen in die Lage versetzt, auf dem Zucker Galaktose zu wachsen. Ungefähr 250 Basenpaare stromaufwärts von diesem Gen liegt ein DNA-Abschnitt, der als *GAL Upstream Activating Sequence* (UAS_G) bezeichnet wird und an den das positive Regulatorprotein GAL4 bindet. Durch die Bindung an UAS_G bewirkt GAL4 eine Aktivierung der Transkription am Beginn des *GAL1*-Gens. Setzt man nun UAS_G vor ein anderes Hefegen in einer Entfernung von bis zu 600 Basenpaaren, dann kann das GAL4-Protein jetzt dieses Hefegen aktivieren. Wie funktioniert eine solche Fernwirkung? Müssen wir vergessen, was wir bei λ gelernt haben, und neue Konzepte entwickeln?

Aus unseren λ-Studien haben sich für die Wirkungsweise von transkriptionsaktivierenden Proteinen 2 grundlegende molekulare Mechanismen ergeben. Der eine beschreibt die Bindung von Regulatorproteinen an die DNA, der andere die Aktivierung eines Gens durch ein derartiges Protein. Jetzt sollen Argumente dafür geliefert werden, daß sich diese beiden Beschreibungen auf die Regulation der Genexpression in anderen Organismen einschließlich der Eukaryoten anwenden lassen.

– Mechanismus 1: Für die Erkennung spezifischer Basensequenzen durch regulatorische Proteine sind Wechselwirkungskräfte zwischen komplementären Oberflächenstrukturen verantwortlich. Die Proteine, die in diesem Buch im Detail behandelt wurden, besitzen hervorstehende α-Helices, die sich in die große Furche der DNA einlagern und spezifische Kontakte zu exponierten chemischen Gruppen der DNA aufnehmen können.

  Von einem anderen Protein wissen wir sehr genau, wie es die DNA erkennt. Es handelt sich in diesem Falle nicht um einen Regulator der Transkription, sondern vielmehr um ein Enzym, das DNA an spezifischen Sequenzen schneidet: Das bakterielle Protein *Eco*R I besitzt ebenfalls hervorstehende α-Helices, die mit der großen DNA-Furche in Wechselwirkung treten. Der Erkennungsmechanismus unterscheidet sich zwar in den Einzelheiten von den Mechanismen, die wir kennengelernt haben, aber wie beim λ-Repressor ist auch hier die Form des Proteins im wesentlichen komplementär zur Struktur der normalen DNA-Doppelhelix. Durch die Bindung des Proteins wird die DNA-Struktur in diesem Falle leicht deformiert, sie muß sich aber keiner drastischen Veränderung unterziehen.

Verschiedene eukaryotische Regulatorproteine einschließlich GAL4 wurden isoliert und in vitro als spezifisch DNA- bindend charakterisiert. Wir haben zwar bei keinem dieser Proteine eine vollständige Vorstellung davon, wie es mit der DNA in Wechselwirkung tritt, es gibt aber auch keinen Grund anzunehmen, die Bindung käme anders zustande als mit Hilfe hervorstehender Proteinstrukturen, die komplementär zur DNA-Doppelhelix sind. Soweit sie bestimmt wurden, sind die Affinitäten dieser Proteine zu ihren Bindungsstellen vergleichbar mit den Affinitäten der Regulatorproteine λ-ähnlicher Phagen zu ihren Operatoren. Die Sequenzen einiger dieser Proteine lassen vermuten, daß hier wie beim λ-Phagen DNA-Erkennungsdomänen mit 2 α-Helices eine Rolle spielen; bei anderen Proteinen gibt die Aminosäuresequenz jedoch keinen Hinweis darauf.

Im Falle des Heat-shock-Regulatorproteins von *Drosophila* bindet das Protein in kooperativer Weise an 2 benachbarte Bindungsstellen auf der DNA; die Energieverhältnisse bei der Bindung entsprechen in bemerkenswertem Maße, vermutlich sogar vollständig denen bei der Bindung des λ-Repressors an o_R1 und o_R2.

Ein anderes Beispiel finden wir bei dem Frosch *Xenopus laevis* in den Transkriptionsaktivatoren der für eine kleine RNA-Spezies kodierenden *5S*-Gene. An dieser Aktivität sind verschiedene Proteine beteiligt. Sie binden jeweils mit einer DNA-Affinität, die ähnlich hoch ist wie die des λ-Repressors; der durch kooperative Bindung entstehende Protein-DNA-Komplex ist hier praktisch unbegrenzt stabil.

Literatur: [1, 2, 5, 8, 9, 12, 14, 15, 17, 19, 20, 21, 22].

– Mechanismus 2: Ein DNA-bindendes, transkriptionsaktivierendes Protein schaltet ein Gen an, indem es mit einem weiteren Protein Kontakt aufnimmt. So tritt beispielsweise der DNA-gebundene λ-Repressor mit der RNA-Polymerase in Wechselwirkung und hilft ihr dadurch, an die DNA zu binden und die Transkription beim angrenzenden Promotor zu starten.

Theoretisch besteht als Alternative zu diesem Mechanismus die Möglichkeit, daß das Protein die DNA-Struktur im Bereich der Bindungsstelle und in ihrer Umgebung verändert. Liefe die Aktivierung der Transkription über eine Konformationsänderung der DNA ab, dann müßte diese Veränderung notwendigerweise bis zum Startpunkt der Transkription ausgedehnt oder übertragen werden. Die Strukturänderung am Startpunkt wäre wiederum die Voraussetzung dafür, daß die RNA-Polymerase binden und die Transkription beginnen könnte. Wie wir aber gerade festgestellt haben, tritt keine drastische Strukturveränderung auf, wenn der Repressor an die DNA bindet. Ein anderes Argument liefern die sogenannten *pc*-Mutanten (*positive control*), bei denen Aminosäuren in den entsprechenden Kontaktbereichen der Repressoroberfläche ausgetauscht

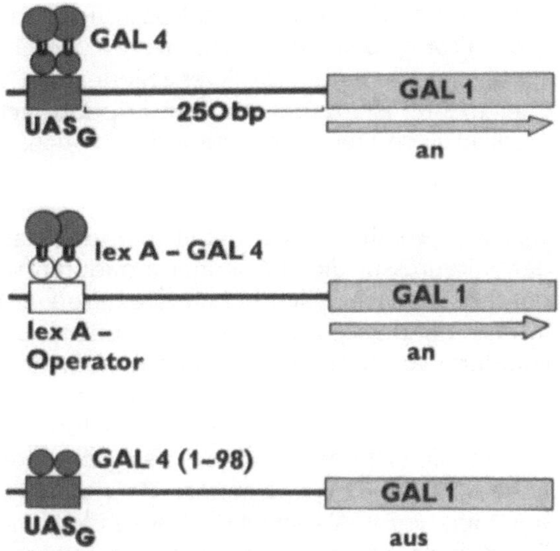

Abb. A.2. Drei Experimente zur Genregulation in Hefe. Die *oberste Zeile* soll deutlich machen, daß GAL4 an UAS_G bindet und die Transkription in 250 bp Entfernung am Anfang des *GAL1*-Gens aktiviert. Die Abbildung beruht auf der Vorstellung, daß GAL4 2 Domänen besitzt, von denen eine, die Aminodomäne, Kontakt zur DNA aufnimmt. – Die *2. Zeile* beschreibt die Wirkung eines Hybridproteins, das sich aus der Carboxyldomäne von GAL4 und der Aminodomäne des bakteriellen Repressors LexA zusammensetzt. Dieses Protein LexA-GAL4 ist in der Lage, an den *lexA*-Operator zu binden, der stromaufwärts von einem Hefegen plaziert wurde, und ist fähig, das Gen anzuschalten. – In der *3. Zeile* sehen wir, daß die Aminodomäne von GAL4 zwar an UAS_G bindet, aber die Transkription nicht anzuschalten vermag. Es handelt sich um eine vereinfachte Darstellung, die die Tatsache außer acht läßt, daß es in UAS_G nicht eine, sondern 4 GAL4-Bindungssstellen gibt. Ob GAL4 daran jeweils als Dimer oder als Monomer bindet, ist nicht bekannt

sind; der Repressor hat seine transkriptionsstimulierende Aktivität verloren, ohne daß seine Bindung an die DNA beeinflußt wäre. Die *pc*-Mutanten machen deutlich, daß die Bindung des Repressors an die DNA allein nicht ausreicht, um ein Gen zu aktivieren.

Zwei Experimente aus jüngerer Zeit (Abb. A.2) zeigen, daß beim GAL4-Protein wie beim λ-Repressor DNA-Bindung und positive Genregulation verschiedene Aspekte einer Gesamtfunktion sind. Im letzten Falle lassen sich die beiden Teilfunktionen sogar voneinander trennen:

– Das GAL4-Protein wurde so umkonstruiert, daß seine N-terminalen Aminosäuren durch die Aminodomäne eines bakteriellen Repressors namens LexA ersetzt wurden. LexA ist im Gesamtaufbau dem λ-Repressor ähnlich, seine Aminodomäne bindet an den *lexA*-Operator. Das Hybridprotein kann man in Hefezellen synthetisieren; es bindet an den *lexA*-Operator, aber nicht an UAS_G. Setzt man einen *lexA*-Operator vor ein Hefegen, dann bindet das Hybridprotein und schaltet die Transkription des Hefegens an. Das nicht veränderte Repressorprotein LexA, ebenfalls in Hefezellen synthetisierbar, besitzt diesen Effekt nicht.

– Es wurde ein GAL4-Derivat konstruiert, das den λpc-Mutanten entspricht. Dieses Protein besteht nur aus den N- terminalen 98 Aminosäuren des GAL4-Proteins; es bindet an die 4 verschiedenen 17 Basenpaare langen UAS_G-Sequenzelemente, kann aber die Transkription nicht aktivieren. Wie beim λ-Repressor reicht auch hier die Bindung des Proteins an die DNA allein nicht zur Genaktivierung aus.

Unsere Versuche weisen darauf hin, daß das DNA-gebundene GAL4-Protein wie der λ-Repressor die Transkription dadurch stimuliert, daß es ein anderes Molekül berührt, wahrscheinlich ein anderes Protein. Welches ist nun der genaue Mechanismus, mit dem das an UAS_G gebundene GAL4-Protein die Transkription an einer Hunderte von Basenpaaren entfernten Stelle aktivieren kann?

Eine Möglichkeit wäre, daß GAL4 einem Protein hilft, in seiner Nähe zu binden, und daß dieses Protein – eine DNA-Topoisomerase – dann die DNA entwindet und so die Gegend um den Anfang des Gens für die Bindung weiterer Hilfsproteine und der RNA-Polymerase aktiviert. Alternativ dazu könnte ein 2. Protein in der Nähe von GAL4 an die DNA binden und sich dann irgendwie auf der DNA-Doppelhelix bis zum Startpunkt fortbewegen, um dort die Transkription zu starten oder als Hilfsprotein für den Einstieg der Polymerase zu wirken.

Ich bevorzuge eine andere Erklärung, die sich am leichtesten so formulieren läßt: Das an UAS_G gebundene GAL4-Protein tritt direkt mit einem 2. Protein in Kontakt, das am Startpunkt der Transkription sitzt, und unterstützt so die Polymerase bei der DNA-Bindung und beim Beginn der Transkription. Nach dieser Vorstellung müßte die DNA zwischen UAS_G und dem Anfang des Gens eine Schleife bilden, die möglicherweise mit anderen Proteinen besetzt sein könnte. Voraussetzung dafür wäre, daß die DNA flexibel genug ist, um einen „Fernkontakt" unter geringem Energieaufwand zu ermöglichen. Eine Variante des Modells ginge davon aus, daß die Wechselwirkung zwischen dem GAL4-Protein und dem Hilfsregulator am Startpunkt der Transkription durch Kontakte über ein oder mehrere zusätzliche Proteine zustande käme, so daß die notwendige Biegung der DNA nicht mehr so groß wäre.

Es sind mehrere Fälle bekannt, in denen bakterielle Regulatorproteine eine Krümmung der DNA-Doppelhelix herbeiführen; die DNA scheint sich in diesen Fällen teilweise um das Protein herumzuwickeln. Wir glauben aber, daß der λ-Repressor eine Biegung der DNA-Doppelhelix auf andere Weise herbeiführen kann. Betrachten wir 2 Operator-Bindungsstellen mit unterschiedlicher Repressoraffinität, beispielsweise o_R1 und o_R2; trennt man nun die beiden Bindungsstellen so voneinander, daß ihre Zentren 5 oder 6 Helixwindungen auseinanderliegen, dann zeigt der Repressor immer noch ein kooperatives Bindungsverhalten, als wären die Bindungsstellen ganz normal durch 2 Helixwindungen voneinander getrennt: Die Repressoraffinität zur schwächeren Stelle wird erhöht, wenn sich auf demselben DNA-Molekül noch eine stärkere Bindungsstelle befindet. Und wie es auch der Fall ist, wenn die beiden Bindungsstellen eng beieinander liegen, tritt der kooperative Effekt mit isolierten Aminodomänen des Repressors nicht auf.

Dieses Experiment mit dem λ-Repressor legt folgende Vorstellung nahe: Bei der kooperativen Bindung von Repressordimeren an 2 weit auseinanderliegende DNA-Sequenzen kommt es zu einer Krümmung der DNA, so daß sich die Carboxyldo-

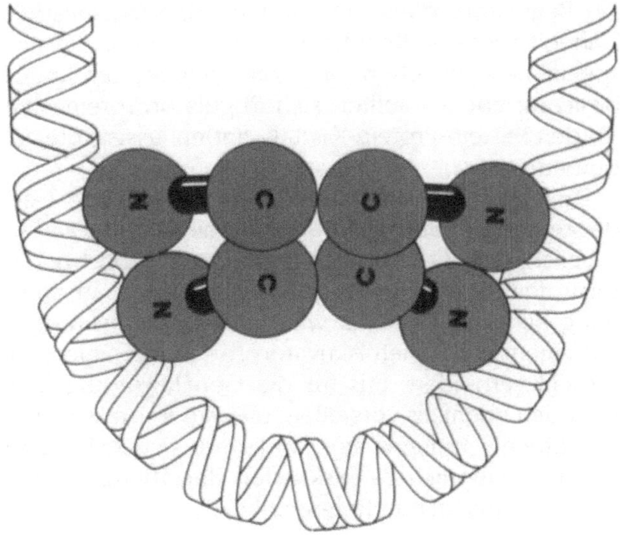

Abb. A.3. Kooperative Bindung über weite Entfernungen. Dargestellt sind 2 Dimere des λ-Repressors, gebunden an 2 Operatorelemente, die durch 6 Doppelhelixwindungen voneinander getrennt sind. Die DNA zwischen den Operatoren ist so gebogen, so daß die Carboxyldomänen der Repressormoleküle sich berühren können

mänen berühren können (Abb. A.3). Der DNA-Abschnitt zwischen den beiden gebundenen Repressordimeren weist im übrigen ein bestimmtes Sensitivitätsmuster gegenüber einem Angriff durch Nuklease auf, ein Hinweis auf eine leichte Verbiegung der DNA. Sitzen die Repressordimere jedoch auf entgegengesetzten Seiten der Doppelhelix, wie es z.B. der Fall ist, wenn sie durch 4,5 oder 5,5 Windungen voneinander getrennt sind, dann kann der kooperative Effekt nicht eintreten; nach unserer Deutung müßte zuviel Energie aufgebracht werden, um die DNA so weit zu verdrillen, daß sich die Dimere berühren könnten.

Interessanterweise ließen Untersuchungen an 3 verschiedenen bakteriellen Regulatorproteinen darauf schließen, daß sie in vivo kooperativ an DNA-Elemente binden, die bis zu einigen hundert Basenpaaren voneinander entfernt sind. Experimente, in denen der Abstand zwischen den Bindungsstellen schrittweise verändert wurde, legen nahe, daß die Wechselwirkung begünstigt wird, wenn die Proteine auf derselben Seite der Doppelhelix binden, vor allem bei geringem Abstand zwischen den Bindungsstellen. Die Annahme erscheint einleuchtend, daß diese beiden Phänomene – Kooperativität über große Entfernungen bei bakteriellen Regulatorproteinen in vivo und Kooperativität bei λ-Repressormolekülen in vitro – auf gemeinsamen Mechanismen beruhen. Wechselwirkungen, die eine gewisse Flexibilität der DNA voraussetzen – z.Z. ist noch keine von ihnen richtig verstanden – wären insbesondere dann über große Entfernungen möglich, wenn die DNA überspiralig und daher in sich selbst zurückgefaltet ist.

Literatur: [3, 4, 6, 7, 10, 11, 13, 16, 18].

Das Modell vom „Fernkontakt" der Regulatorproteine erlaubt, daß viele verschiedene DNA-bindende Proteine die Transkription eines einzelnen Gens beeinflussen. Das System ist flexibel: Die miteinander in Wechselwirkung tretenden Regulatorproteine müssen weder einen genauen Abstand zueinander einhalten noch exakt am Anfang des regulierten Gens sitzen. Für Protein-Protein-Kontakte benutzt ein Regulatorprotein eine andere Oberflächenstruktur als für den DNA-Kontakt. Daher könnte es Regulatorproteine geben, die unterschiedliche DNA-Bindungsspezifitäten aufweisen, aber die gleichen Strukturen für Protein-Protein-Kontakte besitzen; ebenso sollten sich Regulatorproteine mit unterschiedlichen Domänen für den Protein-Protein-Kontakt finden lassen, die an die gleichen DNA-Sequenzen binden.

Ein Repressor kann natürlich wie im Falle von λ eine wichtige DNA-Sequenz verdecken und dadurch die Bindung eines anderen Proteins verhindern; es wäre nun möglich, daß diese Bindung von der Wechselwirkung mit einem weiteren Regulatorprotein abhängig ist, das sich entweder in der Nähe oder in größerer Entfernung befindet. Denkbar wäre auch, daß ein weit entfernt gebundener Repressor mit einem möglichen Aktivatorprotein interagiert und so dessen Kontakt zu einem Protein verhindert, das für die Genaktivierung benötigt wird. Schließlich könnte man sich ebenfalls vorstellen, daß ein Repressor die Wechselwirkung zweier DNA-gebundener Proteine stört, indem er sich zwischen ihnen an die DNA heftet.

Eine ausführlichere Diskussion der Thematik, die in diesem Anhang behandelt wurde, findet sich in Referenz [23].

Weiterführende Literatur

Forschungsberichte

1. Bogenhagen DF, Wormington WM, Brown DD (1982) Stable transcription complexes of Xenopus 5S RNA genes: a means to maintain the differentiated state. Cell 28: 413–421
2. Bram RJ, Kornberg RD (1985) Specific protein binding to far upstream activating sequences in polymerase II proteins. Proc Natl Acad Sci USA 82: 43–47
3. Brent R, Ptashne M (1984) A bacterial repressor protein or a yeast transcriptional terminator can block upstream activation of a yeast gene. Nature 312: 613–616
4. Brent R, Ptashne M (1985) A eukaryotic transcriptional activator bearing the DNA specificity of a prokaryotic repressor. Cell 43: 729–736
5. Brown DD (1984) The role of stable complexes that repress and activate eukaryotic genes. Cell 37: 359–365
6. Dandanell G, Hammer K (1985) Two operators separated by 599 base pairs are required for deoR repression of the deoR operon of Escherichia coli. EMBO J 4: 3333–3338
7. Dunn T, Hahn S, Ogden S, Schleif R (1984) An araBAD operator at -280 base pairs that is required for PBAD repression: addition of DNA helical turns between the operator and promoter cyclically hinders repression. Proc Natl Acad Sci USA 81: 5017–5020
8. Frederick CA, Grable J, Melia M et al. (1984) Kinked DNA in crystalline complex with EcoR1 endonuclease. Nature 309: 327–331
9. Gidoni D, Kadonaga JT, Barrera-Saldona H, Takahashi K, Chambon P, Tjian R (1985) Bidirectional SV 40 transcription mediated by tandem Sp1 binding interactions. Science 230: 511–517
10. Giniger E, Varnum SM, Ptashne M (1980) Specific DNA-binding of GAL4, a positive regulatory protein of yeast. Cell 40: 767–774
11. Hochschild AH, Ptashne M (1986) Cooperative binding of lambda repressors to sites separated by integral turns of the DNA helix. Cell 44: 681–687
12. Hope IA, Struhl K (1985) GCN4 protein, synthesized in vitro, binds H153 regulatory sequences: implications for general control of amino acid biosynthetic operons in yeast. Cell 43: 177–188
13. Irani MH, Orosz L, Adhya S (1983) A control element within a structural gene: the GAL operaon of Escherichia coli. Cell 32: 783–788
14. Johnson A, Herskowitz I (1985) A repressor (MATα2 product) and its operator control expression of a set of cell type specific genes in yeast. Cell 42: 237–247

15. Jones KA, Yamamoto KR, Tjian R (1985) Two distinct transcription factors bind to the HSV thymidine kinase promoter in vitro. Cell 42: 559–572
16. Keegan L, Gill G, Ptashne M (1986) Separation of DNA-binding from the transcription-activation function of a eukaryotic regulatory protein. Science 231: 699–704
17. Lassar AB, Martin PL, Roeder RG (1983) Transcription of class III genes: formation of preinitiation complexes. Science 222: 740–748
18. Majumdar A, Adhya S (1984) Demonstration of two operator elements in gal. Proc Natl Acad Sci USA 81: 6100–6104
19. Myers RM, Kligman M, Tjian R (1981) Does simian virus 40 antigen unwind DNA? J Biol Chem 256: 10156–10160
20. Sawadogo M, Roeder RG (1985) Interaction of a gene-specific transcription factor with the adenovirus major late promoter upstream of the TATA box region. Cell 43: 165–171
21. Takahashi K, Vigneron M, Metthes H, Wildeman A, Zenke M, Chambon P (1985) Stereospecific alignments are required for initiation from the SV40 early promoter. Nature 319: 121–126
22. Topol J, Ruden DM, Parker CS (1985) Sequences required for in vitro transcriptional activation of a Drosophila hsp 70 gene. Cell 42: 527–537
23. Ptashne M (1986) Gene regulation by proteins acting nearby and at a distance. Nature 322.: 697–701

Sachverzeichnis

A

B

C

D

E

F

G

H

I

J

K

L

M

N

O

P

T

U

V

W

X

Z

GPSR Compliance

The European Union's (EU) General Product Safety Regulation (GPSR) is a set of rules that requires consumer products to be safe and our obligations to ensure this.

If you have any concerns about our products, you can contact us on ProductSafety@springernature.com

In case Publisher is established outside the EU, the EU authorized representative is:

Springer Nature Customer Service Center GmbH
Europaplatz 3
69115 Heidelberg, Germany

Batch number: 10683543

Printed by Printforce, the Netherlands